全国中等职业学校汽车类专业通用

全国技工院校汽车类专业通用（中级技能层级）

机械基础课教学设计方案——与《机械基础（第四版）》配套

中国劳动社会保障出版社

简介

本书是全国中等职业学校汽车类专业通用教材 / 全国技工院校汽车类专业通用教材（中级技能层级）《机械基础（第四版）》的配套用书，供教师教学使用。

本书按照教材顺序编写，内容安排力求体现教材的编写意图，以期为教师授课提供多方面的帮助。书中包括“学时分配表”“教学要求”“教学重点与难点”“教学建议”“典型教案”等内容。

本书由王继武担任主编，焦玉永、朱磊、李卓慧参加编写。

图书在版编目（CIP）数据

机械基础课教学设计方案：与《机械基础（第四版）》配套 / 王继武主编 . -- 北京：中国劳动社会保障出版社，2022

全国中等职业学校汽车类专业通用　全国技工院校汽车类专业通用 . 中级技能层级

ISBN 978-7-5167-5191-6

Ⅰ. ①机…　Ⅱ. ①王…　Ⅲ. ①机械学 - 中等专业学校 - 教学参考资料　Ⅳ. ①TH11

中国版本图书馆 CIP 数据核字（2022）第 039630 号

中国劳动社会保障出版社出版发行

（北京市惠新东街 1 号　邮政编码：100029）

*

北京市科星印刷有限责任公司印刷装订　　新华书店经销

787 毫米 ×1092 毫米　16 开本　8.75 印张　171 千字

2022 年 3 月第 1 版　　2022 年 3 月第 1 次印刷

定价：15.00 元

读者服务部电话：（010）64929211/84209101/64921644

营销中心电话：（010）64962347

出版社网址：http：//www.class.com.cn

http：//jg.class.com.cn

目录

绪　论

学时分配表

教学单元	教学内容	学时
绪论	一、机械	0.75
	二、运动副和机构运动简图	1
	三、机械传动的分类 四、课程概述	0.25
合　计		2

教学要求

1. 掌握机器与机构的概念。
2. 掌握构件与零件的概念。
3. 了解运动副和机构运动简图。
4. 掌握机械传动的分类。

教学重点与难点

1. 教学重点

（1）机器与机构、构件与零件的概念及关系。

（2）运动副分类和机构运动简图。

2. 教学难点

（1）机器与机构、零件与构件的关系。

（2）机构运动简图。

教学建议

1. 机械基础是一门专业基础课，教学中应尽量做到理论联系实际，联系日常生活以及汽车专业中的具体实例，培养和提高学生观察问题、思考问题、分析问题和解决问题的能力。

2. 绪论是整本教材的总纲，应通过具体实例，激发学生的学习兴趣和求知欲。要求学生观察日常生活及实习实训中见过的一些零部件或机器，并运用所学知识分析及判断什么是机器，什么是机构，什么是零件，什么是构件，以及它们之间的关系。

3. 关于“运动副和机构运动简图”，教学中要尽量讲清楚什么是高副，什么是低副，实际生产中哪些运动是高副运动，哪些运动是低副运动，常见运动副的符号如何表示。掌握这些内容以便为后续课程做好准备。

典型教案

<table>
<tr><td>教师姓名</td><td></td><td>授课班级</td><td></td><td>授课日期</td><td></td></tr>
<tr><td>授课章节</td><td colspan="5">绪论</td></tr>
<tr><td rowspan="2">教学内容</td><td colspan="3" rowspan="2">1. 机械
2. 运动副和机构运动简图
3. 机械传动的分类
4. 课程概述</td><td>理论学时</td><td>2</td></tr>
<tr><td>实训学时</td><td>0</td></tr>
<tr><td>课程导入</td><td colspan="5">通过图片、PPT、实物展示或演示日常生活和生产实践中常见的机械，如洗衣机、摩托车、汽车、起重机、钻床等，让学生认识和了解学习机械基础课程的目的。可以通过提问的方式引导学生认识身边的机械，例如，想一想在日常生活中都用到哪些机械？这些机械的构造和用途相同吗？如果在日常生活中没有机械会是什么样的？以此激发学生学习机械基础的兴趣</td></tr>
<tr><td colspan="4">教学设计</td><td>教师活动</td><td>学生活动</td></tr>
<tr><td colspan="4">一、机械
机械是机器与机构的总称
1. 机器与机构
（1）机器
发动机是汽车上的机器，下面以发动机的工作过程为例分析机器的组成</td><td>提问：日常生活中常见的机械有哪些
讲解：介绍发动机的工作过程</td><td>回答</td></tr>
</table>

续表

教学设计	教师活动	学生活动
机器具有以下三个特征 1）都是人为的各种实物的组合 2）组成机器的各种实物间具有确定的相对运动 3）可代替或减轻人的劳动，完成有用的机械功或转换机械能 （2）机构 机构是具有确定相对运动的各种实物的组合，它只符合机器的前两个特征，而不能实现机械能的转换 2. 构件与零件 （1）构件 组成机器的各相对运动的实体称为构件 构件可以是单一零件 构件也可以是由多个零件组成的一个刚性整体 构件是机器中的运动单元 （2）零件 零件是机器中最小的制造单元。零件一般可分为通用零件和专用零件 各种机器中都可以用到的零件称为通用零件；在特定类型机器中才能用到的零件称为专用零件 小结 机构由零件组成，机构能传递和改变运动形式 机器由机构组成，机器能够完成能量转换 构件是运动单元 零件是制造单元 二、运动副和机构运动简图 1. 运动副 两个构件之间直接接触且能产生一定相对运动的连接称为运动副。运动副分为低副和高副 运动副是两构件间的可动连接。该连接具有两个特征：一是两构件直接接触；二是能产生一定的相对运动	讲解：重点讲解机器的三个特征 讲解：重点讲解机器与机构的区别 讨论：扫描二维码，分析台式钻床与带传动机构、钻头升降机构之间的关系 讲解：重点讲解构件是运动单元，虽然构件可以是单一零件，但机器中用于连接的螺栓不能称为构件，只能称为零件 提问：机器的显著特征是什么 提问：构件和零件的区别是什么	讨论 回答 回答

续表

<table>
<tr><th>教学设计</th><th>教师活动</th><th>学生活动</th></tr>
<tr><td>
低副：两个构件之间是面接触的运动副，包括转动副、移动副、螺旋副
<table>
<tr><th>类型</th><th>实例</th><th>接触类型</th></tr>
<tr><td>转动副</td><td>橱柜合页铰链、曲轴与连杆连接</td><td>圆柱面</td></tr>
<tr><td>移动副</td><td>液压缸的液压杆与液压缸筒
车床的床鞍与导轨</td><td>圆柱面
平面</td></tr>
<tr><td>螺旋副</td><td>台虎钳的螺母和螺杆、活扳手的螺母和活钳口</td><td>螺旋面</td></tr>
</table>
高副：两个构件之间是点或线接触的运动副
<table>
<tr><th>类型</th><th>实例</th><th>接触类型</th></tr>
<tr><td>高副</td><td>深沟球轴承的滚珠和内、外圈之间的接触
齿轮啮合的主动齿轮和被动齿轮啮合处的接触
火车车轮和铁轨直接的接触</td><td>点接触
线接触
线接触</td></tr>
</table>
</td><td>提问：什么是运动副？什么是高副？什么是低副？高副和低副的区别是什么</td><td>回答</td></tr>
<tr><td>
在教学中应着重讲述低副与高副的应用特点，并注意两者的区别
低副承受载荷时单位面积压力较小，其使用特点是承载能力强，但摩擦损失大，效率低，不能传递较复杂的运动
高副承受载荷时单位面积压力较大，其使用特点是能传递较复杂的运动，但易磨损，使用寿命短，制造和维修较为困难
</td><td>提问：高副和低副的应用场合有什么不同</td><td>回答</td></tr>
<tr><td>
2．机构运动简图
用以说明机构各构件间相对运动关系的简单图形称为机构运动简图
</td><td>讲解：什么是机构运动简图，为什么要绘制机构运动简图</td><td></td></tr>
</table>

续表

<table>
<tr><th colspan="2">教学设计</th><th>教师活动</th><th>学生活动</th></tr>
<tr><td colspan="2">课堂练习：尝试绘制下图的机构运动简图

三、机械传动的分类
用来传递运动和动力的机械装置称为机械传动装置。按传递运动和动力的方法不同，机械传动可分为摩擦传动和啮合传动
四、课程概述
（略）</td><td>布置和指导练习：绘制如左图所示机构的运动简图

讲解：机械传动的分类

讲解：课程的性质、内容和任务</td><td>完成练习：绘制如左图所示机构的运动简图</td></tr>
<tr><td>小结</td><td colspan="3">由教师对本次课的内容进行一次总结，重点强调机器与机构、构件与零件的概念和关系，以及机构运动简图的识读</td></tr>
<tr><td>课后作业</td><td colspan="3">练习册</td></tr>
</table>

第一章 支承零部件

学时分配表

教学单元	教学内容	学时
§1-1 轴	一、轴的功用和分类	1
	二、轴的材料	
	三、轴的结构	1
	四、轴上零件的固定	
	五、轴的结构工艺性	1
	课堂讨论	
§1-2 滑动轴承	一、滑动轴承的类型和结构	1
	二、轴瓦的结构与材料	
	三、滑动轴承的润滑	1
	课堂讨论	
§1-3 滚动轴承	一、滚动轴承的结构	1
	二、滚动轴承的主要类型及其特性	
	三、滚动轴承代号	1
	四、滚动轴承的轴向固定	

续表

教学单元	教学内容	学时
§1–3　滚动轴承	五、滚动轴承的调节	1
	六、滚动轴承的润滑与密封	
	课堂讨论	
实操训练	轴上零件的拆装	4
合　计		12

§1–1　轴

教学要求

1. 掌握轴的功用、分类、材料、结构和应用。
2. 掌握轴上零件的固定方式。
3. 了解轴的结构工艺性。

教学重点与难点

1. 教学重点

（1）轴的分类和应用特点。

（2）轴的结构。

（3）轴上零件的固定。

2. 教学难点

轴上零件的固定和轴的工艺结构。

教学建议

教学中可以结合学生在生活中接触到的自行车轴、汽车传动轴等实例引入，然后根据轴的结构、承载情况加以分类，并由此得到轴的常用材料及结构要求，最后对轴上零件的固定以及轴的结构工艺性加以介绍。由于学生缺乏对轴的感性认识和实践经验，不了解轴的加工过程，因此对轴上零件的固定方法、轴的结构工艺特点的学习会比较困难。教学中建议充分利用实物、教具、多媒体等手段，提高学生的学习效果。

典型教案

<table>
<tr><td>教师姓名</td><td></td><td>授课班级</td><td></td><td>授课日期</td><td></td></tr>
<tr><td>授课章节</td><td colspan="5">§1–1　轴</td></tr>
<tr><td rowspan="2">教学内容</td><td colspan="3" rowspan="2">1．轴的功用和分类
2．轴的材料
3．轴的结构
4．轴上零件的固定
5．轴的结构工艺性</td><td>理论学时</td><td>3</td></tr>
<tr><td>实训学时</td><td>0</td></tr>
<tr><td>课程导入</td><td colspan="5">教学中建议先从生活中的实例引入，如自行车轴、汽车传动轴等，在提高学生学习兴趣的同时让学生了解轴是机器中重要的零件之一</td></tr>
<tr><td colspan="4">教学设计</td><td>教师活动</td><td>学生活动</td></tr>
<tr><td colspan="4">轴是机器中重要的零件之一，日常生活中常见的应用包括自行车轴、汽车传动轴、火车轮轴等
一、轴的功用和分类
1．心轴——仅支承回转零件
固定心轴（自行车轴）、转动心轴（火车轮轴）
2．转轴——既支承回转零件，又传递动力（减速器轴）
3．传动轴——仅传递动力（汽车传动轴）
4．其他分类：直轴、曲轴、挠性钢丝轴
二、轴的材料
1．碳素钢
优点：价格低、应力集中敏感性小
常用牌号：35 钢、45 钢、50 钢
2．合金钢
优点：受载荷较大，可用于高温、腐蚀性场合，如果经过热处理可以发挥更好的性能
常用牌号：40Cr、40MnB、35SiMn、38SiMnMo 等
三、轴的结构
1．轴的组成
轴头：轴上与传动零件配合的部分
轴身：轴上连接轴颈与轴头的部分</td><td>提问：日常生活中常见的轴有哪些
讲解：尽量利用图片、视频、多媒体等手段分析轴的分类
讲解：尽量从应用要求的角度分析轴的材料，例如，普通机械轴用什么材料？速度高、载荷大的场合，轴用什么材料
讲解：分析轴的组成及对轴结构的一般要求</td><td>回答</td></tr>
</table>

续表

教学设计		教师活动	学生活动
轴颈：轴上与轴承配合的部分 轴肩和轴环：阶梯轴上截面变化的部分（注意轴肩与轴环的形状不同，但作用基本相同） 2. 对轴结构的一般要求 （1）轴上的零件应准确定位和可靠固定 （2）轴应便于加工和尽量避免或减少应力集中 （3）轴上零件应便于安装和拆卸 四、轴上零件的固定 1. 轴向固定 包括轴肩或轴环固定、套筒固定、轴端挡圈固定、圆螺母固定、弹性挡圈固定 2. 周向固定 包括键、销、过盈配合、紧定螺钉 五、轴的结构工艺性 为了保证轴上零件能顺利装拆，定位可靠，减少轴的应力集中，需磨削的轴段要设计出砂轮越程槽；需车制螺纹的轴段应有螺纹退刀槽；同一轴上的各键槽应布置在同一母线位置上；为便于装配，轴端应加工倒角		知识扩展讲解：什么是应力集中，为什么轴应尽量避免和减少应力集中 讲解：什么是轴向固定和周向固定 提问：什么是轴向固定，它与周向固定的区别是什么	回答
小结	由教师对本次课的内容进行一次总结，重点强调轴的各组成部分和轴的各种工艺结构的作用		
课后作业	习题册		

§1–2　滑 动 轴 承

教学要求

1. 掌握滑动轴承的类型和结构。
2. 了解轴瓦的结构和材料。
3. 熟悉滑动轴承的润滑剂、润滑方式和润滑装置。

教学重点与难点

1. 教学重点

（1）常用滑动轴承的类型、结构以及应用场合。

（2）轴瓦的结构和材料。

2. 教学难点

滑动轴承的润滑。

教学建议

1. 建议通过汽车、自行车等具体实例引入滑动轴承，通过这些实例说明滑动轴承的作用和特点。

2. 教学的重点建议放在滑动轴承的材料和润滑上，滑动轴承的结构很简单，比较好理解，但是滑动轴承的材料和润滑直接影响其使用寿命，详细讲述滑动轴承的材料和润滑可以为今后的生产实际及专业课的学习打下良好的基础。

典型教案

<table>
<tr><td>教师姓名</td><td></td><td>授课班级</td><td></td><td>授课日期</td><td></td></tr>
<tr><td>授课章节</td><td colspan="5">§ 1–2　滑动轴承</td></tr>
<tr><td rowspan="2">教学内容</td><td colspan="3" rowspan="2">1. 滑动轴承的类型和结构
2. 轴瓦的结构和材料
3. 滑动轴承的润滑</td><td>理论学时</td><td>2</td></tr>
<tr><td>实训学时</td><td>0</td></tr>
<tr><td>课程导入</td><td colspan="5">首先通过设问的方式引入轴承的概念，例如，汽车车轮为什么能旋转？电风扇为什么能旋转？然后讲解轴承的类型（滑动轴承和滚动轴承）。在日常生活中，电风扇、溜冰鞋、汽车等轴的支承采用的是滚动轴承，但在一些起重设备、汽轮机和精密磨床等机器中采用的是滑动轴承，进而引导学生了解学习滑动轴承的意义</td></tr>
<tr><td colspan="4">教学设计</td><td>教师活动</td><td>学生活动</td></tr>
<tr><td colspan="4">轴承的作用是支承轴及轴上的零件，使其回转并保持一定的回转精度
轴承分为滑动轴承和滚动轴承，本章着重讲解滑动轴承
一、滑动轴承的类型和结构
仅发生滑动摩擦的轴承称为滑动轴承</td><td>在讲解滑动轴承前，建议展示滑动轴承的应用实例，通过图片介绍滑动轴承的应用场合</td><td></td></tr>
</table>

续表

<table>
<tr><th>教学设计</th><th>教师活动</th><th>学生活动</th></tr>
<tr><td>根据滑动轴承承受载荷的方向不同，滑动轴承可分为径向滑动轴承、止推滑动轴承和径向止推滑动轴承
径向滑动轴承主要承受径向载荷
止推滑动轴承主要承受轴向载荷
径向止推滑动轴承同时承受径向和轴向载荷
在实际应用过程中，应用最为广泛的是径向滑动轴承。根据径向滑动轴承的结构特点可分为三种</td><td>提问：径向是轴的什么方向？轴向是轴的什么方向</td><td>回答</td></tr>
<tr><td><table>
<tr><th>类型</th><th>结构特点及应用</th></tr>
<tr><td>整体式径向滑动轴承</td><td>结构简单、紧凑，成本低，但轴瓦磨损后无法调整轴颈与轴承间的间隙，安装时只能沿轴向安装，一般用于低速、轻载及间歇工作的场合</td></tr>
<tr><td>剖分式径向滑动轴承</td><td>轴承座和轴承盖的剖分面接合处制成阶梯状，以防止轴承盖和轴承座横向错动并便于装配时定位，若轴瓦出现磨损，可通过更换垫片加以调整，一般用于承载力高、承受较大冲击和振动、工作平稳可靠、工作转速高的工作场合</td></tr>
<tr><td>调心式径向滑动轴承</td><td>一般用于无法保证两轴承孔轴线同轴的场合和轴承长径比（长度：直径 >1.5）的场合。这类轴承制造精度要求高，与其他滑动轴承相比轴颈和轴瓦的接合面小，使用时容易产生高温，加剧磨损，一般用于农用机械等精度不高、转速不高的场合</td></tr>
</table></td><td>讲解：重点分析三种径向滑动轴承的特点和应用</td><td></td></tr>
<tr><td>二、轴瓦的结构与材料
1. 轴瓦的结构
轴瓦是滑动轴承中直接与轴颈接触的部分。轴瓦有整体式轴瓦和剖分式轴瓦</td><td>扩展讲解：光滑轴瓦和带油槽轴瓦的应用有什么不同</td><td></td></tr>
</table>

续表

<table>
<tr><th>教学设计</th><th>教师活动</th><th>学生活动</th></tr>
<tr><td>
<table>
<tr><th>类型</th><th>结构特点及应用</th></tr>
<tr><td>整体式轴瓦</td><td>整体式轴瓦与轴承座用过盈配合压紧，属于永久性配合或半永久性配合，一般分为光滑轴瓦和带油槽轴瓦</td></tr>
<tr><td>剖分式轴瓦</td><td>剖分式轴瓦的两端有凸缘，防止轴瓦在轴承座中产生轴向移动，用销或紧定螺钉固定轴瓦，防止其周向转动</td></tr>
</table>
</td><td></td><td></td></tr>
<tr><td>为了使润滑油能分布到轴承的工作表面，轴瓦的内表面开有油槽。油槽一般开在轴瓦的非承载部分，以避免油膜的连续性被破坏而影响承载能力。为了使润滑油在端部不泄漏，油槽不应开通，其长度可取轴瓦长度的 80%
为了改善及提高轴瓦的承载能力，有时轴瓦的内表面浇注一层厚度为 0.5 ~ 0.6 mm、减摩性好的材料，这层材料称为轴承衬</td><td>重点讲解：油槽开在轴瓦非承载部分的原因和油槽的几种形式</td><td></td></tr>
<tr><td>2. 轴瓦的材料
对轴瓦材料的要求：足够的强度、塑性，良好的减摩性、导热性、耐腐蚀性、抗胶合性等
常用轴瓦材料有锡锑轴承合金、锡青铜、铝青铜、塑料、石墨、橡胶</td><td>提问：对轴瓦材料的要求有哪些</td><td>回答</td></tr>
<tr><td>三、滑动轴承的润滑
1. 润滑剂及其选择
（1）润滑目的
减少摩擦和磨损，冷却，散热，防锈蚀，减振</td><td>扩展讲解：常用润滑油和润滑脂的牌号</td><td></td></tr>
<tr><td>（2）润滑剂种类
润滑油、润滑脂
（3）润滑剂选择
1）润滑油：轴颈转速高、压力小，选择黏度低的润滑油；转速高、压力大，选择黏度高的润滑油
2）润滑脂：潮湿环境选择钙基润滑脂，高温环境选择钠基润滑脂，同时参考轴颈圆周速度和承受压力</td><td>重点讲解：常用的润滑方式和润滑装置
提问：滑动轴承常用的润滑方式有哪些</td><td>回答</td></tr>
</table>

续表

教学设计		教师活动	学生活动
2. 润滑方式和润滑装置 （1）油润滑方式 滴油润滑、油环润滑、飞溅润滑、压力循环润滑 （2）脂润滑方式 人工加脂、油杯加脂			
小结	由于目前非金属材料滑动轴承被广泛应用，建议教师在课堂上多介绍一些非金属材料滑动轴承的相关知识和应用，以扩展学生的知识面		
课后作业	习题册		

§1-3　滚 动 轴 承

教学要求

1. 了解滚动轴承的结构、类型和特性。
2. 掌握滚动轴承的代号。
3. 熟悉滚动轴承的轴向固定、调节、润滑和密封。

教学重点与难点

1. 教学重点

（1）滚动轴承的结构、类型和特性。

（2）滚动轴承的轴向固定、调节、润滑和密封。

2. 教学难点

常用滚动轴承的类型与特点。

教学建议

1. 教师在讲授滚动轴承时做必要的解释：滚动轴承与滑动轴承相比各有优缺点，各有一定的适用场合，因此，两者不能完全互相取代，并且正各自向一定的方向发展，但由于滚动轴承的优点较突出，应用也更加广泛。

2．教材仅对常见的滑动轴承做了一般的介绍，对滚动轴承做了较为详尽的说明，但对滚动轴承与滑动轴承的性能比较介绍较少，要防止学生形成一种片面的结论，即滚动轴承肯定比滑动轴承的性能好。对此教师也应与学生解释清楚。

典型教案

<table>
<tr><td>教师姓名</td><td></td><td>授课班级</td><td></td><td>授课日期</td><td></td></tr>
<tr><td>授课章节</td><td colspan="5">§ 1–3　滚动轴承</td></tr>
<tr><td rowspan="2">教学内容</td><td colspan="3" rowspan="2">1．滚动轴承的结构
2．滚动轴承的主要类型及其特性
3．滚动轴承代号
4．滚动轴承的轴向固定
5．滚动轴承的调节
6．滚动轴承的润滑与密封</td><td>理论学时</td><td>3</td></tr>
<tr><td>实训学时</td><td>0</td></tr>
<tr><td>课程导入</td><td colspan="5">教师可以通过演示的方式引入滚动轴承的概念，例如，拿一个滚动轴承的实物，问学生在哪里见过这种轴承，想一想和上节课讲的滑动轴承相比这种轴承有什么特点，进而引导学生了解滚动轴承的特点、应用以及学习滚动轴承的意义等</td></tr>
<tr><td colspan="4">教学设计</td><td>教师活动</td><td>学生活动</td></tr>
<tr><td colspan="4">一、滚动轴承的结构
滚动轴承由内圈、外圈、滚动体、保持架构成
轴承内圈与轴颈配合，外圈与轴承座或基座的轴承孔配合
滚动轴承工作状态
1．内圈随轴转动，外圈保持固定
2．外圈转动而内圈固定
3．内、外圈同时转动
内、外圈的特点：内、外圈加工有滚道，能保持滚动体在滚道内顺利转动
常见的滚动体类型：球体、圆柱滚子、圆锥滚子、球面滚子、滚针等
保持架的作用：分隔相邻两个滚动体，减少滚动体之间的碰撞和摩擦</td><td>提问：想一想，日常生活中在哪里见过滚动轴承
提问：滚动轴承的构成有哪些
重点讲解：滚动轴承在工作时内圈和轴之间，外圈和轴承座之间是不能有任何相对运动的，如果有则视为轴承失效
重点讲解：保持架的作用</td><td>回答

回答</td></tr>
</table>

续表

教学设计	教师活动	学生活动
二、滚动轴承的主要类型及其特性 按滚动体承受载荷的方向分为向心轴承（主要承受径向载荷）、推力轴承（主要承受轴向载荷） 常用滚动轴承的类型、主要特性及应用 详见教材：表 1–3	重点讲解：从受力的角度分析向心轴承和推力轴承的特点	
三、滚动轴承代号 滚动轴承是标准件。一般用途的滚动轴承由前置代号、基本代号和后置代号构成 详见教材：表 1–4	提问：不同类型轴承的特点和应用	回答
1. 前置代号和后置代号 前置代号和后置代号是在轴承的结构、形状、尺寸、公差、技术要求等有改变时，在其基本代号前、后添加的补充代号	提问：前置代号和后置代号的作用	回答
前置代号用字母表示 后置代号用字母（或加数字）表示 对于一般用途的轴承，由于没有特殊改变，因此没有前置代号和后置代号，只用基本代号表示 2. 基本代号（参见 GB/T 272—2017） 基本代号由轴承类型代号、尺寸系列代号、内径代号组成	提问："GB"和"GB/T"的关系	回答
（1）类型代号 由字母或数字构成并已标准化 详见教材：表 1–5	提问：不同类型代号的含义	回答
（2）尺寸系列代号 由两位数字组成，前一位数字为宽（高）度系列代号，后一位数字为直径系列代号 1）宽（高）度系列代号。宽（高）度系列代号表示内、外径相同而宽（高）度不同的轴承系列 向心轴承用宽度系列代号，代号有 8、0、1、2、3、4、5、6，其宽度尺寸依次递增 推力轴承用高度系列代号，代号有 7、9、1、2，其高度尺寸依次递增	重点讲解：宽（高）度系列代号的含义	

续表

教学设计	教师活动	学生活动
2）直径系列代号。直径系列代号表示内径相同而具有不同外径的轴承系列。代号有 7、8、9、0、1、2、3、4、5，其外径尺寸按序由小到大排列	重点讲解：直径系列代号的含义	
（3）内径代号 内径代号用两位数字表示轴承的内径 详见教材：表 1–7	重点讲解：内径代号的含义	
3．滚动轴承代号示例 （1）6208 （2）30212/P53 （3）23208 （4）6200 四、滚动轴承的轴向固定 一般情况下，滚动轴承的内圈装在被支承轴的轴颈上，外圈装在轴承座（或机座）孔内。安装滚动轴承时，对内、外圈都要进行轴向固定，以防运转中产生轴向窜动	重点讲解：如何通过查表分析不同轴承代号的含义 提问：分别列举不同的轴承代号，请学生回答代号的含义	回答
1．轴承内圈的轴向固定 轴承内圈在轴上通常用轴肩或套筒定位，定位端面与轴线要保持良好的垂直度。常见轴承内圈的轴向固定形式如下： （1）利用轴肩的单向固定 （2）利用轴肩和弹性挡圈的双向固定 （3）利用轴肩和轴端挡圈的双向固定 （4）利用轴肩和圆螺母的双向固定	讲解：利用图片详细讲解几种轴承内圈轴向固定方式的特点	
2．轴承外圈的轴向固定 轴承外圈在机座孔中一般用座孔的台阶定位，定位端面与轴线也需保持良好的垂直度。常用轴承外圈的轴向固定方式如下： （1）利用轴承盖的单向固定 （2）利用轴承盖和座孔台阶的双向固定 （3）利用弹性挡圈和座孔台阶的双向固定	讲解：利用图片详细讲解几种轴承外圈轴向固定方式的特点	

续表

<table>
<tr><th colspan="2">教学设计</th><th>教师活动</th><th>学生活动</th></tr>
<tr><td colspan="2">五、滚动轴承的调节
1．轴承间隙的调整
轴承间隙的调整方法包括
（1）依靠加减轴承盖与机座之间的调整垫片厚度进行调整
（2）利用螺钉通过轴承盖移动外圈位置进行调整，调整后用螺母锁紧防松
2．轴承的预紧
对某些可调游隙的轴承，在安装时给予一定的轴向压紧力（预紧力），使内、外圈产生相对位移而消除游隙，这种方法称为轴承的预紧
六、滚动轴承的润滑与密封
1．滚动轴承的润滑
滚动轴承的润滑材料有润滑脂、润滑油、固体润滑剂
2．滚动轴承的密封
滚动轴承密封的主要作用是防止灰尘、水分、腐蚀性气体和其他物质侵入轴承以及防止润滑材料漏失
常用的密封形式包括接触式密封、非接触式密封、组合式密封
接触式密封主要有皮碗密封、毡圈密封</td><td>讲解：利用图片讲解轴承间隙调整和预紧，并讲清楚轴承间隙调整和预紧的目的
讨论和查阅资料：如何使用润滑脂、润滑油和固体润滑剂
扩展讲解：非接触式密封的形式和应用场合
查阅资料：皮碗密封圈和毡圈密封圈的形态和价格</td><td>讨论和查阅资料
查阅资料</td></tr>
<tr><td>小结</td><td colspan="3">教师在讲授滚动轴承时应做必要的解释：滚动轴承与滑动轴承相比各有优缺点，各有一定的适用场合，因此，两者不能完全互相取代，并且正各自向一定的方向发展，但由于滚动轴承的优点较突出，应用相对广泛</td></tr>
<tr><td>课后作业</td><td colspan="3">习题册</td></tr>
</table>

实 操 训 练

教学要求

1. 了解轴的基本结构。
2. 掌握轴承、定位套、齿轮、键等轴上零件拆卸的基本要求和技能。
3. 掌握轴承、定位套、齿轮、键等轴上零件装配的基本要求和技能。
4. 掌握常用轴上零件拆卸和装配工具的使用。

教学重点与难点

1. 教学重点

（1）轴承拉拔器的使用。

（2）轴承专用压套的使用。

2. 教学难点

轴承拆卸和装配工具的使用。

教学建议

本节的实训内容相对简单，但作为本课程的第一节实训课，在实训过程中首先要保证实训安全，其次是保证学生掌握一体化课程实训的流程和方法，为以后的课程实训做准备。同时可以根据实际情况应用视频讲解、微信群发布学习任务、网上学习和课堂学习相结合等多种方法。

典型教案

教师姓名		授课班级		授课日期	
授课章节	实操训练				
教学内容	轴上零件的拆装			理论学时	0
				实训学时	4
课程导入	一般只有轴承或轴上零件损坏、失效或设备大修时才需要进行轴上零件的拆装，教师可以通过收集已经失效的轴承、齿轮、键并进行展示，引入轴上零件拆装的重要性，进而引导学生了解轴上零件拆装的意义，掌握轴上零件拆装的技能				

续表

教学设计		教师活动	学生活动
明确任务	1. 明确学习任务：单级齿轮输出轴轴上零件的拆装 2. 安全教育，学习安全生产要求 3. 学习车间的“6S”管理要求 4. 预习深沟球轴承的型号、定位套的作用以及轴的部分名称	下发任务、准备单级齿轮输出轴组件和工具包、分组（一般建议5人一组）并选出组长	明确任务，分组并选出组长，领取单级齿轮输出轴组件和工具包
收集信息	1. 讲解呆扳手、活扳手、锤子、拉拔器、铜棒、专用压套等工具的使用方法 2. 讲解拉拔器的使用注意事项和轴承的安装（可参考本节补充材料）	讲解拉拔器的使用注意事项和轴承的安装	清点并分发拆装工具
计划决策	依据教材讲解并演示 1. 单级齿轮输出轴轴上零件的拆卸步骤 2. 单级齿轮输出轴轴上零件的装配步骤	1. 讲解并演示 2. 组织学生观看 3. 解答学生疑问	1. 观看教师演示 2. 复述操作流程
实施计划	依据教师演示和讲解分组练习 1. 单级齿轮输出轴轴上零件的拆卸步骤 2. 单级齿轮输出轴轴上零件的装配步骤	巡视指导，必要时进行示范讲解	自主练习，遇到问题组内、组间或向教师寻求帮助
检查控制	安全防护检查、课堂纪律检查、操作规范检查、任务完成情况检查和课堂时间控制等，填写相应的检查记录	检查并完成教师检查记录	完成工作任务并完成自检、互检和检查记录
评价总结	小组总结实训过程、组间评价实训过程、教师评价实训过程，分析和总结实训过程中出现的问题	评价学生实训过程中出现的问题	总结、评价和反思实训过程，完成实训报告
小结	本次课程实训主要是让学生掌握轴承、定位套、齿轮、键等轴上零件拆装的基本要求和技能，以及相关工具的使用方法		
课后作业	习题册		

第二章 连接零部件

学时分配表

<table>
<tr><th>教学单元</th><th>教学内容</th><th>学时</th></tr>
<tr><td rowspan="6">§2–1 键及其连接</td><td>一、平键连接</td><td rowspan="3">1</td></tr>
<tr><td>二、半圆键连接</td></tr>
<tr><td>三、楔键连接</td></tr>
<tr><td>四、切向键连接</td><td rowspan="3">1</td></tr>
<tr><td>五、花键连接</td></tr>
<tr><td>课堂讨论</td></tr>
<tr><td rowspan="4">§2–2 销及其连接</td><td>一、销的基本形式</td><td rowspan="4">1</td></tr>
<tr><td>二、销的主要作用</td></tr>
<tr><td>三、销的特点及应用</td></tr>
<tr><td>课堂讨论</td></tr>
<tr><td rowspan="5">§2–3 螺纹及其连接</td><td>一、螺纹的形成</td><td rowspan="3">1</td></tr>
<tr><td>二、螺纹的种类</td></tr>
<tr><td>三、螺纹连接</td></tr>
<tr><td>四、螺纹连接的预紧与防松</td><td rowspan="2">1</td></tr>
<tr><td>课堂讨论</td></tr>
<tr><td rowspan="4">§2–4 联轴器、离合器和制动器</td><td>一、联轴器</td><td rowspan="2">1</td></tr>
<tr><td>二、离合器</td></tr>
<tr><td>三、制动器</td><td rowspan="2">1</td></tr>
<tr><td>课堂讨论</td></tr>
<tr><td>实操训练</td><td>联轴器的拆装</td><td>3</td></tr>
<tr><td colspan="2">合　　计</td><td>10</td></tr>
</table>

§2-1　键及其连接

教学要求

1. 了解键连接的功用、分类。
2. 掌握平键、半圆键、楔键、切向键、花键的连接特点及应用。

教学重点与难点

1. 教学重点

（1）键连接的功用与分类。

（2）平键连接的结构、特点以及普通平键的尺寸。

2. 教学难点

花键、楔键、切向键的连接特点。

教学建议

1. 键连接、销连接和螺纹连接都属于连接方式中的可拆连接，而且是静连接。在教学中要注意引导学生归纳总结上述三种连接的共同之处，也要了解三种连接各自的特点。

2. 教学过程中，应当重视形象教学，充分利用实物、教具和多媒体演示等手段，如果条件具备应尽量采用参观和现场教学方式。

典型教案

<table>
<tr><td>教师姓名</td><td></td><td>授课班级</td><td></td><td>授课日期</td><td></td></tr>
<tr><td>授课章节</td><td colspan="5">键及其连接</td></tr>
<tr><td rowspan="2">教学内容</td><td colspan="3" rowspan="2">1. 平键连接
2. 半圆键连接
3. 楔键连接
4. 切向键连接
5. 花键连接</td><td>理论学时</td><td>2</td></tr>
<tr><td>实训学时</td><td>0</td></tr>
</table>

续表

课程导入	通过图片、PPT、实物进行展示或演示，在机械设备中，常见轴上的带轮、齿轮等轴上零件能与轴一起转动的原因一般都是采用键连接。虽然键连接有很多种，但键连接的目的只有一个，就是保证轴与轴上零件牢固而可靠连接，以传递运动和转矩	

教学设计	教师活动	学生活动
键的作用：实现轴与轴上零件之间的周向固定，以传递转矩 键连接的特点：结构简单，拆装方便，工作可靠 键是标准件，分为平键、半圆键、楔键、切向键、花键 一、平键连接 特点：靠两侧面传递转矩，对中性好，结构简单，拆卸方便，不能轴向固定轴上零件	提问：结合第一章分析轴和轴上零件的相对关系知识，回答用什么方式保证其运动关系	回答
1．普通平键连接 普通平键按键的端部形状不同，可分为圆头（A型）、方头（B型）、单圆头（C型）。平键是标准件，只需根据用途、轮毂长度等选取键的类型和尺寸	重点讲解：通过图例分析普通平键连接的特点	
2．导向平键连接 当轴上安装的零件需要在轴上沿轴向移动时，可采用导向平键连接 特点：比普通平键长，紧定螺钉固定在键槽中，键与轮毂槽采用间隙配合，键上设有起键螺孔	重点讲解：通过图例分析导向平键连接的特点	
3．滑键连接 当轴上零件的轴向移动量很大时，导向平键将很长，不容易制造，这时可采用滑键连接 特点：滑键固定在轮毂上，轮毂带动滑键做轴向移动，因此键长不受滑动距离限制	重点讲解：通过图例分析滑键连接的特点	
二、半圆键连接 半圆键上表面为一个平面，下表面为半圆形，两侧面互相平行，工作时靠键两侧的工作面传递转矩 特点：键在轴槽中能绕槽底圆弧曲率中心摆动，装配方便。但键槽深度会削弱轴的强度	重点讲解：通过图例分析半圆键连接的特点	

续表

<table>
<tr><th colspan="2">教学设计</th><th>教师活动</th><th>学生活动</th></tr>
<tr><td colspan="2">三、楔键连接
1. 普通楔键连接
两侧面互相平行，上、下两面是工作面，键的上表面和毂槽的底面以 1∶100 的斜度贴合，键楔紧在轴与轮毂之间
2. 钩头楔键连接
结构与普通楔键相同，楔键钩头供拆卸用，主要用于不能从另一端将键打出的场合
特点：键楔紧后，依靠压紧面的摩擦力传递转矩，与轴上零件的对中性差，在冲击、振动或变载荷的作用下连接容易松动，楔键连接只适用于不要求准确定心、低速运转的场合，楔键能承受单方向的轴向力
四、切向键连接
切向键由一对具有 1∶100 单面斜度的键沿斜面拼合而成，其上、下两工作面互相平行
特点：切向键楔紧在轴与轮毂的键槽中。装配后切向键的下平面在通过轴线的平面内，工作面上的压力沿轴的切线方向作用，能传递很大的转矩
五、花键连接
花键连接由轴上加工出的外花键和毂上加工出的内花键组成。键齿侧面为工作面，工作时靠齿的侧面传递转矩。花键已标准化，按齿形不同可分为矩形花键和渐开线花键
特点：矩形花键键齿端面为矩形，定心方式为小径定心，定心精度高，定心稳定性好；渐开线花键一般采用压力角为 30° 的渐开线齿形，主要采用齿侧定心，各齿均匀承力，强度高，使用寿命长</td><td>重点讲解：通过图例分析楔键连接的特点

重点讲解：通过图例分析切向键连接的特点

重点讲解：通过图例分析花键连接的特点
提问：通过分析花键的结构，想一想加工花键的成本是高还是低</td><td>回答</td></tr>
<tr><td>小结</td><td colspan="3">教师通过实物演示、举例讲解等方式，帮助学生理解不同键的形状、特点及应用范围。学生通过观察、分析等方式能充分地理解键的应用</td></tr>
<tr><td>课后作业</td><td colspan="3">习题册</td></tr>
</table>

§2–2 销及其连接

教学要求

1. 了解销连接的功用与分类。
2. 熟悉销连接的特点及应用。

教学重点与难点

1. 教学重点

销的基本类型、销连接的主要功用。

2. 教学难点

销的应用特点。

教学建议

在实际工作中由于相对于键、螺纹等连接应用场合较少，销的作用和特点往往被忽视，建议在实际讲授过程中要讲清楚圆柱销与孔的配合、圆锥销的锥度特点等，同时强调销在实际工作中的作用。

典型教案

<table>
<tr><td>教师姓名</td><td></td><td>授课班级</td><td></td><td>授课日期</td><td></td></tr>
<tr><td>授课章节</td><td colspan="5">§2–2　销及其连接</td></tr>
<tr><td rowspan="2">教学内容</td><td colspan="3" rowspan="2">1. 销的基本形式
2. 销的主要作用
3. 销的特点及应用</td><td>理论学时</td><td>1</td></tr>
<tr><td>实训学时</td><td>0</td></tr>
<tr><td>课程导入</td><td colspan="5">通过日常生活中的自行车中轴与脚踏板连杆的连接、剪刀、钢丝钳、合页的连接等，启发学生思考销在其中起到了什么作用，进而让学生讨论一些常见机械设备中有关销的使用场合</td></tr>
</table>

续表

<table>
<tr><th>教学设计</th><th>教师活动</th><th>学生活动</th></tr>
<tr><td>一、销的基本形式
圆柱销、圆锥销
二、销的主要作用
定位、连接、过载保护
详见教材：图 2–16
注意事项：
1. 销作为定位零件时必须成对使用
2. 销套的作用是在安装、使用和拆卸时不损伤零件
三、销的特点及应用
1. 圆柱销
（1）普通圆柱销。只能传递不大的载荷，销孔需要铰制，多次装卸后配合精度会降低
（2）内螺纹圆柱销。适用于不通孔的场合，螺纹供拆卸用。按结构不同分为 A、B 两种形式
2. 圆锥销
（1）普通圆锥销（1∶50 锥度）。按加工精度不同分为 A、B 两种形式，A 型精度较高
（2）内螺纹圆锥销。大端带螺尾的圆锥销适用于不通孔的场合，螺纹供拆卸使用；小端带螺尾的圆锥销可以用螺母锁紧，适用于有冲击、振动的场合
详见教材：表 2–1</td><td>重点讲解：销是标准件，具体参数已经标准化
讨论：什么是标准件？标准件的作用是什么
讨论：普通圆柱销的销孔和销之间应该是哪种配合方式？为什么
讨论：内螺纹圆柱销和普通圆柱销相比有什么优点
讨论：普通圆锥销的 1∶50 锥度有什么特点</td><td>讨论
讨论
讨论
讨论</td></tr>
<tr><td>小结</td><td colspan="2">课堂上要着重讲清楚圆柱销是利用微小过盈固定在铰削后的孔中的，可以承受不大的载荷，同时圆柱销不宜经常拆卸，主要用于定位，虽然可以用于过载保护，但使用前要经过严格的计算。教学中还要特别注意强调如果销用于定位时，必须成对使用</td></tr>
<tr><td>课后作业</td><td colspan="2">习题册</td></tr>
</table>

§2-3　螺纹及其连接

教学要求

1. 了解常用螺纹的类型、特点和应用。
2. 熟悉螺纹连接的主要类型及应用。
3. 熟悉螺纹连接的预紧与防松方法。

教学重点与难点

1. 教学重点

（1）螺纹的类型及主要参数。

（2）螺纹连接的主要类型、应用及结构。

（3）螺纹连接的预紧与防松方法。

2. 教学难点

螺纹连接的预紧与防松方法。

教学建议

日常生活（如学生座椅等）和各种机械设备（如各类机床、各种交通工具等）均少不了螺纹连接，建议从此入手，以实物的形式讲解螺纹连接。例如课堂上利用左旋螺纹和右旋螺纹实物，演示左旋螺纹和右旋螺纹的特点和如何判断左旋螺纹和右旋螺纹；分别收集不同直径和类型的螺栓、螺钉和螺母，演示它们连接的特点及应用；分别收集不同牙型的螺纹，分析它们的应用特点；观察风扇扇叶中间的用于固定扇叶的螺栓，分析它的旋向与普通螺母或螺栓旋向的区别，引出左旋螺纹的应用。课堂上通过这些理论联系实际的演示和讲解，让学生更加深入地了解螺纹。

典型教案

教师姓名		授课班级		授课日期	
授课章节	§2-3　螺纹及其连接				
教学内容	1. 螺纹的形成 2. 螺纹的种类			理论学时	2

续表

<table>
<tr><td>教学内容</td><td>3．螺纹的连接
4．螺纹连接的预紧与防松</td><td>实训学时</td><td>0</td></tr>
<tr><td>课程导入</td><td colspan="3">生活中的螺纹应用有很多，例如暖气管道的连接、钢笔笔帽和笔身的连接、水杯和杯盖的连接、矿泉水瓶和瓶盖的连接等，通过引导学生观察教室内、文具及日常生活中哪些地方应用到了螺纹来引入课程，这样可以给学生留下更加深刻的印象，也容易激发学生的学习兴趣，使学生快速进入学习状态</td></tr>
<tr><td colspan="2">教学设计</td><td>教师活动</td><td>学生活动</td></tr>
<tr><td colspan="2">通过螺纹将各种零件按一定的要求连接起来的连接称为螺纹连接
螺纹紧固件多为标准的通用零件，在机械工业中应用非常广泛
一、螺纹的形成
将一直角三角形绕到一个圆柱体上，使底边与圆柱体底面周边重合，斜边就在圆柱体表面形成一条线，这条线称为螺旋线
在圆柱或圆锥面上，沿着螺旋线所形成的具有相同剖面的连续凸起和沟槽称为螺纹
详见教材：图 2–18、图 2–19
二、螺纹的种类
1．按旋向
右旋螺纹：顺时针旋转时旋入
左旋螺纹：逆时针旋转时旋入
2．按螺旋线的数目
单线螺纹：由一条螺旋线所形成的螺纹
多线螺纹：由两条或两条以上在轴向等距分布的螺旋线所形成的螺纹</td><td>提问：举例说明日常生活中常见的螺纹连接有哪些

讲解：利用教具讲解螺纹的形成过程

提问：为什么有左旋螺纹和右旋螺纹之分？左旋螺纹一般应用在什么场合
提问：为什么有单线螺纹和多线螺纹之分？多线螺纹一般应用在什么场合</td><td>回答

回答

回答</td></tr>
</table>

续表

教学设计	教师活动	学生活动
3．按附着在零件的内、外表面 内螺纹、外螺纹 4．按截面的牙型 三角形螺纹、矩形螺纹、梯形螺纹、锯齿形螺纹 三、螺纹连接 利用螺纹零件将两个或两个以上零件相对固定起来的连接称为螺纹连接 1．螺纹连接件 螺栓、双头螺柱、螺钉（开槽圆柱头螺钉、开槽沉头螺钉、内六角圆柱头螺钉、开槽锥端紧定螺钉）、螺母、垫圈（弹簧垫圈、平垫圈） 详见教材：表 2–2 2．螺纹连接的基本类型及应用 详见教材：表 2–3 四、螺纹连接的预紧与防松 1．螺纹连接的预紧 预紧的目的：增加螺纹连接刚度、紧密性、防松能力和防止受到横向载荷螺纹连接出现滑动 （一般螺纹连接都需要预紧） 预紧力大小：经验法和扭矩扳手 2．螺纹连接的防松 防松目的：防止在静载荷和冲击载荷下出现松动 防松的方法：摩擦防松、机械防松、破坏螺纹防松 详见教材：表 2–4、表 2–5、表 2–6	重点讲解：不同螺钉的应用有什么不同 讨论：螺纹为什么要预紧？螺纹的预紧和轴承的预紧意义相同吗 讨论：螺纹连接为什么要防松 讲解：尽量结合挂图、实物和视频详细讲解常见防松方式及特点	讨论 讨论
小结	螺纹连接是生产生活中最常见的连接形式，它使用方便，便于举例讲解，学生也容易理解，但是螺纹的形式多种多样，建议详细分析不同牙型螺纹的特点和应用场合，以方便学生了解不同螺纹的特点	
课后作业	习题册	

§2-4　联轴器、离合器和制动器

教学要求

1. 了解联轴器的功用、类型、结构特点及应用。
2. 了解离合器的功用、类型、结构特点及应用。
3. 了解制动器的功用、类型、结构特点及应用。

教学重点与难点

1. 教学重点

联轴器、离合器和制动器的结构特点。

2. 教学难点

联轴器、离合器和制动器的结构特点。

教学建议

1. 联轴器和离合器在功用上的本质是相同的，教材的课时也较少，属于简单了解的内容，因此在教学中建议把这两节内容合在一起讲授，重点是弄清楚联轴器和离合器的主要功用及两者间的区别。

2. 在教学中要使学生明白离合器其实是一种特殊的联轴器，它与联轴器的区别在于能根据工作需要随时使主动轴和从动轴接合或分离。离合器技术的发展很快，尤其是在汽车工业方面，建议采用多媒体的形式展示这方面的发展和成就。

3. 制动器一般采用的是摩擦式制动方式，建议着重介绍汽车上使用的盘式制动器和鼓式制动器。

典型教案

<table>
<tr><td>教师姓名</td><td></td><td>授课班级</td><td></td><td>授课日期</td><td></td></tr>
<tr><td>授课章节</td><td colspan="5">§2-4　联轴器、离合器和制动器</td></tr>
<tr><td rowspan="2">教学内容</td><td colspan="3" rowspan="2">1. 联轴器
2. 离合器
3. 制动器</td><td>理论学时</td><td>2</td></tr>
<tr><td>实训学时</td><td>0</td></tr>
</table>

续表

<table>
<tr><td>课程导入</td><td colspan="3">对汽车行驶和制动的工作过程进行分析，剖析其结构，从而引入联轴器、离合器和制动器，并引导学生结合汽车分析联轴器、离合器和制动器的作用</td></tr>
<tr><td colspan="2">教学设计</td><td>教师活动</td><td>学生活动</td></tr>
<tr><td colspan="2">一、联轴器
用于连接两个传动轴，使其一起转动并传递转矩，有时也可作为安全装置
联轴器按照结构和特点不同，可分为刚性联轴器和挠性联轴器
<table>
<tr><th>类型</th><th>名称</th><th>应用</th></tr>
<tr><td>刚性联轴器</td><td>凸缘联轴器</td><td>适用于两轴的对中性好、载荷平稳及经常拆卸的场合</td></tr>
<tr><td rowspan="5">挠性联轴器</td><td>十字轴万向联轴器</td><td>广泛应用于汽车、拖拉机及金属切削机床的传动连接中</td></tr>
<tr><td>滑块联轴器</td><td>适用于低速、轴的刚度较大、无剧烈冲击的场合</td></tr>
<tr><td>齿式联轴器</td><td>适用于正反转变化多，启动频繁的场合</td></tr>
<tr><td>弹性套柱销联轴器</td><td>适用于载荷平稳、启动频繁、转速高、传递中小转矩的场合</td></tr>
<tr><td>弹性柱销联轴器</td><td>适用于轴向窜动量较大、正反转启动频繁的场合</td></tr>
</table>
详见教材：表 2–7
二、离合器
用于运转过程中的两个轴可以随时进行结合和分离，另外离合器还可用于过载保护等</td><td>教学中要注意强调，刚性联轴器由于不能补偿两轴间的相对位移，因此要求严格对中。挠性联轴器可在不同程度上补偿两轴间的相对位移

讨论：汽车的什么地方使用了联轴器

教学中要注意引导学生比较联轴器和离合器的主要功用，掌握两者的区别</td><td>讨论</td></tr>
</table>

续表

<table>
<tr><th colspan="2">教学设计</th><th>教师活动</th><th>学生活动</th></tr>
<tr><td colspan="2">对离合器的要求：工作可靠，接合平稳，分离迅速而彻底，动作准确，调节和维修方便，操作方便省力，结构简单
离合器的类型很多，一般机械式离合器有啮合式和摩擦式两类
详见教材：表 2–8
三、制动器
大多数制动器采用摩擦式制动方式，广泛应用在机器设备的减速、停止和位置控制
<table><tr><th>类型</th><th>结构特点</th><th>应用</th></tr><tr><td>盘式制动器</td><td>主要由制动盘和制动块组成。制动时制动液被压入内、外两侧液压缸中，在液压作用下两活塞带动制动块做相对移动而压紧制动盘，产生摩擦力矩，实现制动</td><td>目前各种轿车和轻型货车广泛采用盘式制动器</td></tr><tr><td>鼓式制动器</td><td>由制动鼓、制动蹄、传力杠杆和驱动装置组成。制动时制动液被压入轮缸，推动活塞使制动蹄压向制动鼓，产生摩擦力矩，实现制动</td><td>广泛用于各种车辆</td></tr><tr><td>带式制动器</td><td>带式制动器主要由制动轮、制动带和杠杆组成。其结构简单，制动可靠</td><td>常用于中、小载荷的起重、运输机械中</td></tr></table></td><td>讨论：汽车使用哪种类型的离合器

讨论：如果一台机器有一根高速轴和一根低速轴都能安装制动器，那么制动器应该安装在哪根轴上

讨论：汽车使用的是哪种类型的制动器</td><td>讨论

讨论

讨论</td></tr>
<tr><td>小结</td><td colspan="3">联轴器、离合器和制动器是机械设备中最常见的构件，并具有很重要的作用，在讲解过程中多利用举例等方式帮助学生理解其功能和结构特点</td></tr>
<tr><td>课后作业</td><td colspan="3">习题册</td></tr>
</table>

补充材料

汽车离合器、联轴器和制动器

汽车能够行驶是由于发动机所产生的动力靠传动系统传递到驱动轮。传动系统具有减速增矩（变速器和主减速器）、变速（变速器）、倒车（变速器）、接合与中断动力（离合器）、控制轮间差速和轴间差速（差速器）等功能，与发动机配合工作，保证汽车在各种工况下正常行驶。汽车在行驶过程中能够减速或停下是由于车轮安装了制动器。

1. 汽车离合器

汽油发动机车辆在运行时，发动机需要持续运转，但是为了满足汽车行驶上的需求，车辆必须有停止、换挡等功能，离合器则用于满足车辆停止或换挡的需求。离合器装在发动机与变速器之间，负责将发动机的动力传送到变速器，如下图所示。

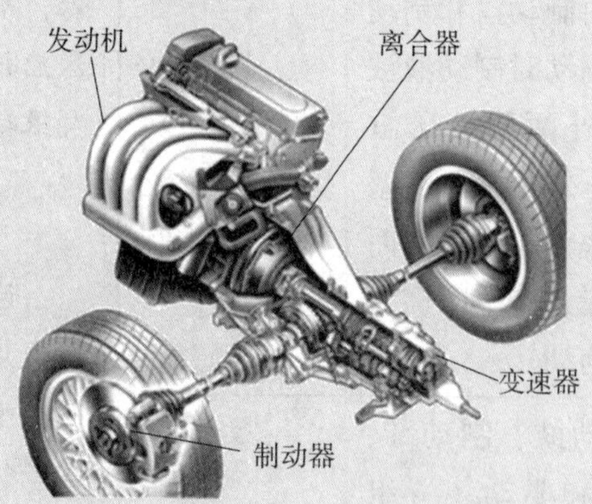

离合器的安装位置

2. 汽车联轴器

联轴器在汽车上有很多应用，结构也稍有不同，但其功用都是一样的，即在轴线相交的两转轴之间传递动力。目前，在汽车上应用较多的是十字轴式刚性联轴器和等速联轴器，如下图所示。

十字轴轴式刚性联轴器

等速联轴器

十字轴式刚性联轴器主要用于发动机前置后轮驱动的变速器与驱动桥之间，等速联轴器主要用于发动机前置前轮驱动的内、外半轴之间。联轴器在汽车上的应用如下图所示。

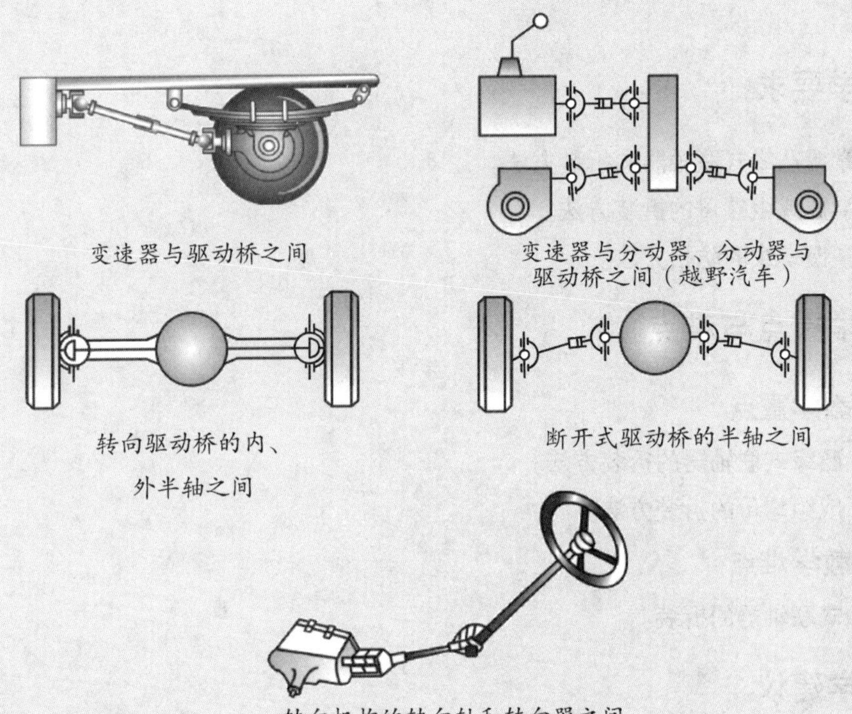

变速器与驱动桥之间

变速器与分动器、分动器与驱动桥之间（越野汽车）

转向驱动桥的内、外半轴之间

断开式驱动桥的半轴之间

转向机构的转向轴和转向器之间

3. 汽车制动器

汽车制动器分为鼓式和盘式两类，两者都是利用固定元件与旋转元件工作表面的摩擦而产生制动力矩的，均属于摩擦式制动器。鼓式制动器摩擦副中的旋转元件为制动鼓，其内圆柱面为工作表面；盘式制动器摩擦副中的旋转元件为圆盘状的制动盘，以端面为工作表面。目前盘式制动器多用于轿车和轻型汽车中，鼓式制动器多用于载重汽车和农用汽车中，如下图所示。

鼓式制动器

盘式制动器

实 操 训 练

教学要求

1. 掌握凸缘式联轴器的拆装方法。
2. 掌握成组螺母的拆装方法。
3. 掌握螺纹的防松方法。

教学重点与难点

1. 教学重点

（1）凸缘式联轴器的拆装方法。

（2）成组螺母的拆装方法。

2. 教学难点

凸缘式联轴器的拆装。

教学建议

本节的实训内容相对简单，在保证实训过程安全的同时温习一体化课程实训的流程和方法。同时可以根据实际情况应用视频讲解、微信群发布学习任务等多种教学方法。

典型教案

<table>
<tr><td>教师姓名</td><td></td><td>授课班级</td><td></td><td>授课日期</td><td></td></tr>
<tr><td>授课章节</td><td colspan="5">实操训练</td></tr>
<tr><td rowspan="2">教学内容</td><td colspan="3" rowspan="2">联轴器的拆装</td><td>理论学时</td><td>0</td></tr>
<tr><td>实训学时</td><td>3</td></tr>
<tr><td>课程导入</td><td colspan="5">教师可以通过车间参观让学生观察车间机器上正在使用的联轴器，引导学生认识联轴器的重要性，进而掌握联轴器的拆装技能</td></tr>
</table>

续表

教学设计		教师活动	学生活动
明确任务	1. 明确学习任务：凸缘联轴器的拆装 2. 安全教育，学习安全生产要求 3. 学习车间的“6S”管理要求 4. 预习凸缘联轴器的结构特点及应用	下发任务，准备凸缘联轴器和工具包，分组（也可以延续上次分组安排）	明确任务，领取凸缘联轴器和工具包
收集信息	1. 讲解呆扳手、活扳手、梅花扳手等工具的使用方法 2. 通过网络等手段，分别查找呆扳手、活扳手、梅花扳手的常用规格 3. 通过网络和咨询车间师傅，找一找除以上三种扳手外，日常工作中还有哪些扳手？应如何正确使用	组织学生查阅资料	清点拆装工具和查阅资料
计划决策	依据教材讲解并演示凸缘联轴器的拆装方法	1. 讲解并演示 2. 组织学生观看 3. 解答学生疑问	1. 观看教师演示 2. 复述操作流程
实施计划	依据教师演示和讲解分组练习凸缘联轴器的拆装	巡视指导，必要时进行示范讲解	自主练习，遇到问题组内、组间或向教师寻求帮助
检查控制	安全防护检查、课堂纪律检查、操作规范检查、任务完成情况检查和课堂时间控制等，并填写相应的检查记录	检查并完成教师检查记录	完成工作任务并完成学生自检、互检检查记录

续表

教学设计		教师活动	学生活动
评价总结	小组总结实训过程、组间评价实训过程、教师评价实训过程，分析和总结实训过程中出现的问题	评价学生的实训过程中出现的问题	总结、评价和反思实训过程，完成实训报告
小结	本次课程实训主要是让学生掌握凸缘联轴器的拆装方法和技能，以及多个螺纹连接件的拧紧顺序和防松方法，应注意向学生强调弹性垫圈的作用		
课后作业	习题册		

第三章 机 构

学时分配表

<table>
<tr><th>教学单元</th><th>教学内容</th><th>学时</th></tr>
<tr><td rowspan="3">§3-1　铰链四杆机构的组成与分类</td><td>一、铰链四杆机构的组成</td><td>1</td></tr>
<tr><td>二、铰链四杆机构的基本类型</td><td rowspan="2">1</td></tr>
<tr><td>课堂讨论</td></tr>
<tr><td rowspan="4">§3-2　铰链四杆机构的基本性质</td><td>一、曲柄存在的条件和铰链四杆机构基本类型的判别</td><td rowspan="2">1</td></tr>
<tr><td>二、急回特性</td></tr>
<tr><td>三、死点位置</td><td rowspan="2">1</td></tr>
<tr><td>课堂讨论</td></tr>
<tr><td rowspan="4">§3-3　铰链四杆机构的演化</td><td>一、曲柄滑块机构</td><td rowspan="2">1</td></tr>
<tr><td>二、偏心轮机构</td></tr>
<tr><td>三、导杆机构</td><td rowspan="2">1</td></tr>
<tr><td>课堂讨论</td></tr>
<tr><td rowspan="5">§3-4　凸轮机构的应用和分类</td><td>一、凸轮机构的组成及特点</td><td rowspan="2">1</td></tr>
<tr><td>二、凸轮机构的分类</td></tr>
<tr><td>三、凸轮的结构</td><td rowspan="3">1</td></tr>
<tr><td>四、凸轮的材料</td></tr>
<tr><td>课堂讨论</td></tr>
</table>

续表

教学单元	教学内容	学时
§3-5　凸轮机构的运动规律	一、凸轮机构的工作过程	1
	二、从动件的常用运动规律	
	课堂讨论	
实操训练	观察生活、生产中使用的机械设备，完成观察报告	1
合　　计		10

§3-1　铰链四杆机构的组成与分类

教学要求

1. 了解铰链四杆机构的组成与基本类型。
2. 掌握铰链四杆机构的特点及应用。

教学重点与难点

1. 教学重点

（1）铰链四杆机构的组成。
（2）铰链四杆机构的基本类型。

2. 教学难点

（1）曲柄摇杆机构及其应用。
（2）双曲柄机构及其应用。
（3）双摇杆机构及其应用。

教学建议

1. 讲清楚现实生产中机器都是由一个个具体的零部件所组成的，虽然许多机器的外形和功能各不相同，但核心的运动机构却是相同或相近的，这就是本章要学习的铰链四杆机构。

2. 教学中要强调铰链四杆机构是以运动副中的转动副组成的四杆机构，要掌握机架、连杆、摇杆、连架杆的基本概念。

3. 铰链四杆机构的基本类型有三种，三种类型各有特性，教学中要重点强调这些特性及其应用。

典型教案

<table>
<tr><td>教师姓名</td><td></td><td>授课班级</td><td></td><td>授课日期</td><td></td></tr>
<tr><td>授课章节</td><td colspan="5">§ 3–1　铰链四杆机构的组成与分类</td></tr>
<tr><td rowspan="2">教学内容</td><td colspan="3" rowspan="2">1. 铰链四杆机构的组成
2. 铰链四杆机构的基本类型</td><td>理论学时</td><td>2</td></tr>
<tr><td>实训学时</td><td>0</td></tr>
<tr><td>课程导入</td><td colspan="5">通过多媒体演示公共汽车车门、汽车刮水器、缝纫机、铲土机、起重机、内燃机、空气压缩机等生产生活中常用机械的运动过程，向学生说明，这些机械的运动机构都是铰链四杆机构，引出铰链四杆机构的概念</td></tr>
<tr><td colspan="4">教学设计</td><td>教师活动</td><td>学生活动</td></tr>
<tr><td colspan="4">一、铰链四杆机构的组成
铰链四杆机构是平面连杆机构的一种形式，由四个构件通过铰链互相连接而构成
铰链四杆机构是四杆机构的基本形式，也是其他多杆机构的基础

连杆　B　C　连架杆　连架杆　A　机架　D

固定不动的构件称为机架，不与机架相连的构件称为连杆，与机架相连的构件称为连架杆
连架杆分为曲柄和摇杆
曲柄：与机架相连且能做 360° 转动的连架杆
摇杆：与机架相连只能在一定角度内做摆动的连架杆</td><td>讲解“铰链四杆机构”概念及各构件的名称

提问：铰链四杆机构中的曲柄和摇杆是四杆中的哪个杆</td><td>回答</td></tr>
</table>

续表

教学设计	教师活动	学生活动
二、铰链四杆机构的基本类型 铰链四杆机构一般分为曲柄摇杆机构、双曲柄机构和双摇杆机构 1．曲柄摇杆机构及其应用 定义：两连架杆中一个为曲柄，另一个为摇杆的铰链四杆机构	利用教具或视频向学生演示不同铰链四杆机构的运动特点	观察铰链四杆机构的运动特点
运动特点：将曲柄的匀速转动变成摇杆的摆动 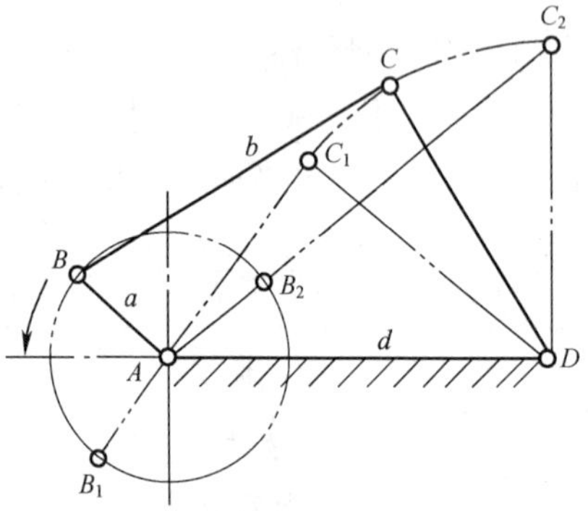	总结曲柄摇杆机构的运动特点	理解并能根据图形说出曲柄摇杆机构的运动轨迹及特点
曲柄 AB 是主动件，做整周回转运动，摇杆 CD 做往复摆动	提问：根据曲柄摇杆机构的运动特点，制造的机械设备有哪些	回答
曲柄摇杆机构的应用举例 （1）剪板机 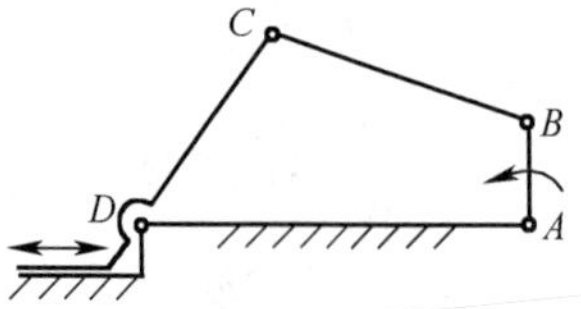 （2）雷达天线俯仰角调整机构 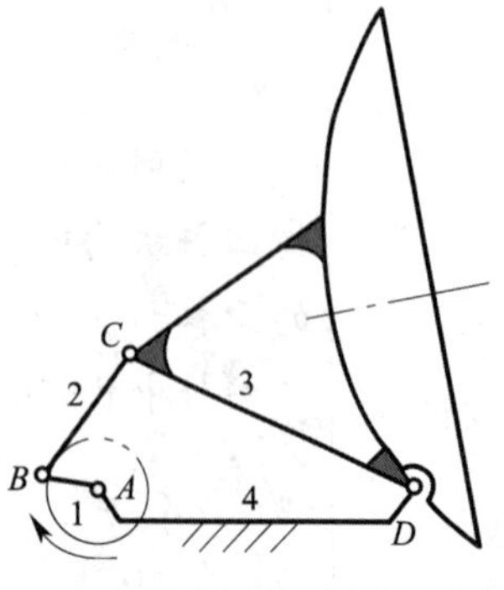	讨论：根据应用实例的原理图自行总结和描述其应用的运动过程	讨论

续表

教学设计	教师活动	学生活动
（3）汽车刮水器 D A C B 2．双曲柄机构及其应用 定义：两连架杆均为曲柄的铰链四杆机构	提问：曲柄摇杆机构如何变化可以成为双曲柄机构	回答
运动特点：主动曲柄回转一周，从动曲柄也随之回转一周。 分类：不等长双曲柄、平行双曲柄和反向双曲柄机构 （1）不等长双曲柄机构：两个曲柄角速度不等	讲解：介绍不同曲柄摇杆机构的运动特点	
B C C_1 φ_2 A D φ_1 B_1 （2）平行双曲柄机构：两曲柄旋转方向相同，角速度相等	讨论：让学生自行总结并分析不同双曲柄机构的运动过程	讨论

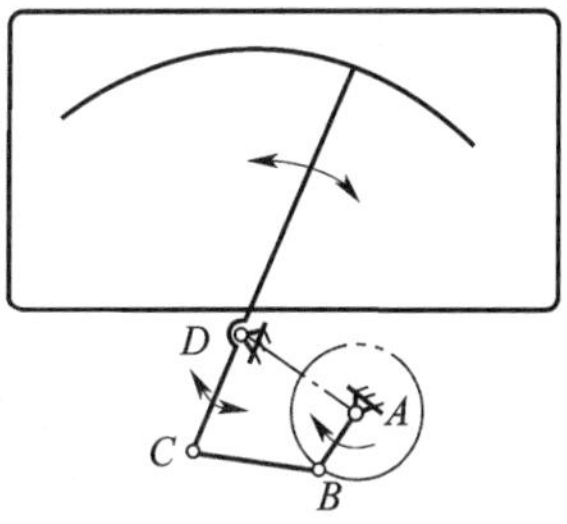

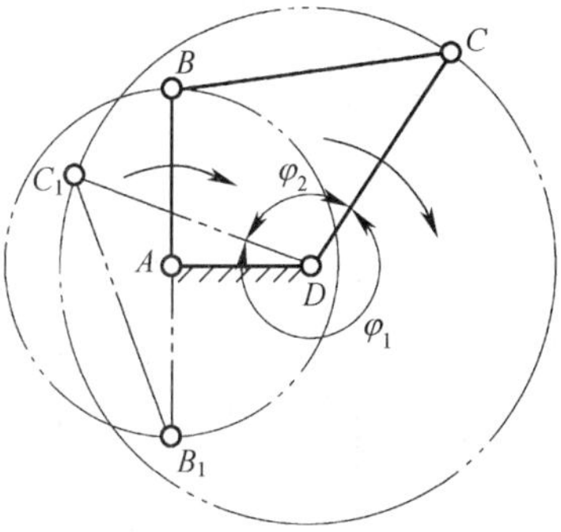

续表

教学设计	教师活动	学生活动
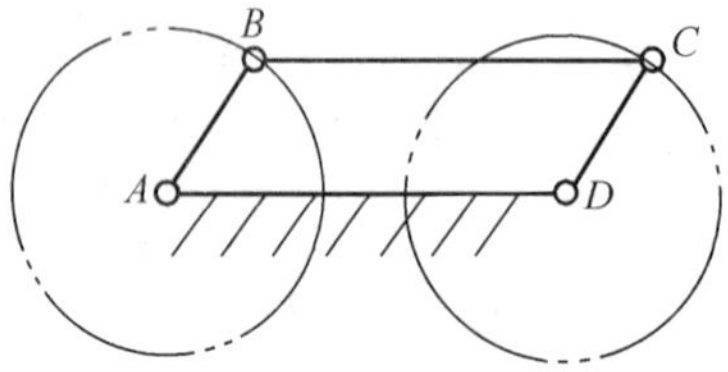 （3）反向双曲柄机构：两曲柄旋转方向相反，角速度不相等 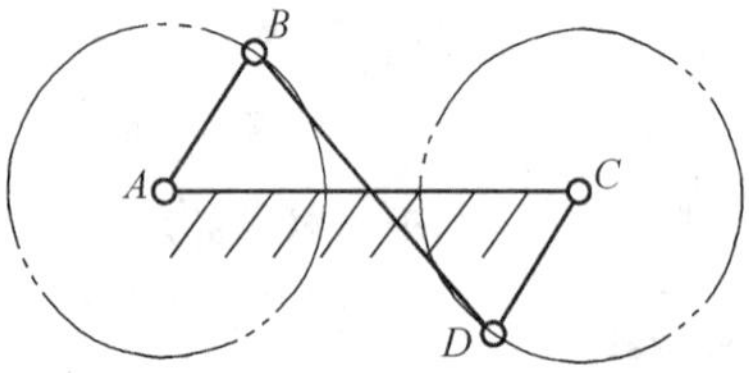		
（4）双曲柄机构的应用举例 1）惯性筛 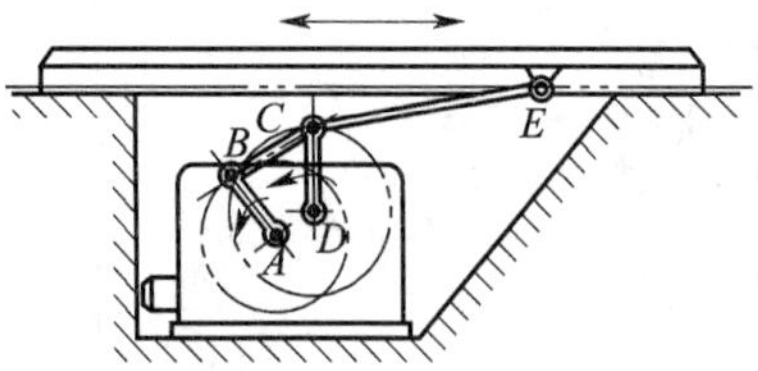 2）车门开闭机构 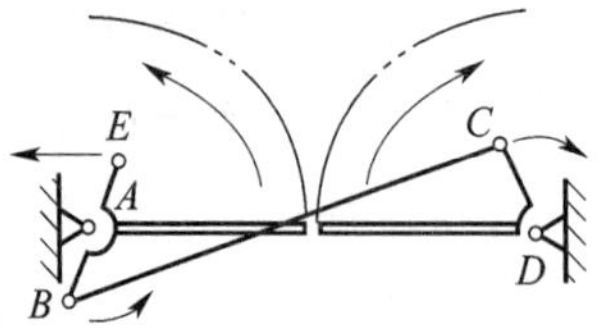	讨论：让学生自行总结并描述应用实例的运动过程	讨论
3．双摇杆机构及其应用 定义：两连架杆均为摇杆的铰链四杆机构 运动特点：在双摇杆机构中，两摇杆可以分别为主动件 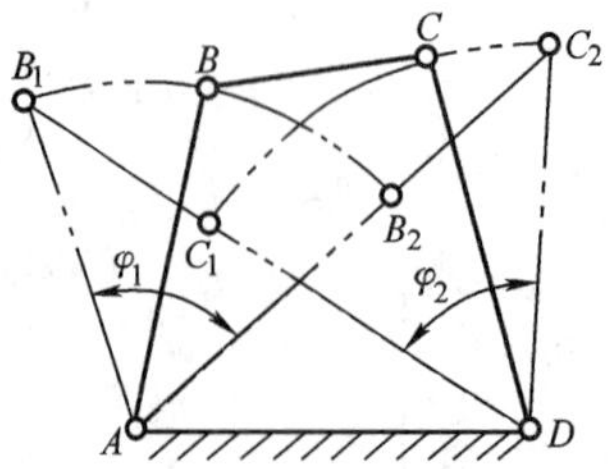	引导学生思考并讲解双摇杆机构的运动特点	根据示意图描述应用举例中的运动是如何实现的

续表

教学设计	教师活动	学生活动
双摇杆机构的应用举例 （1）汽车前轮 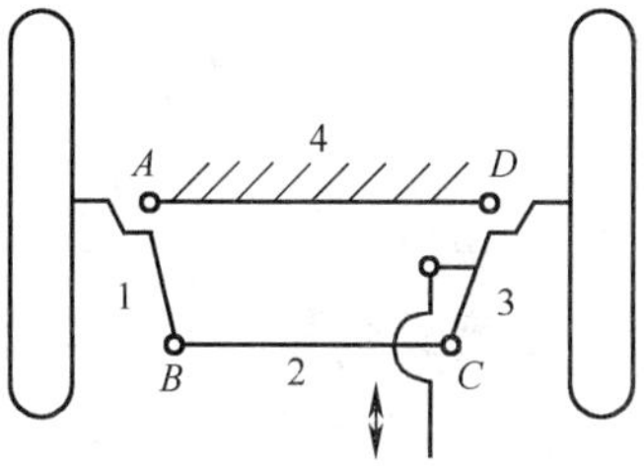 （2）飞机起落架 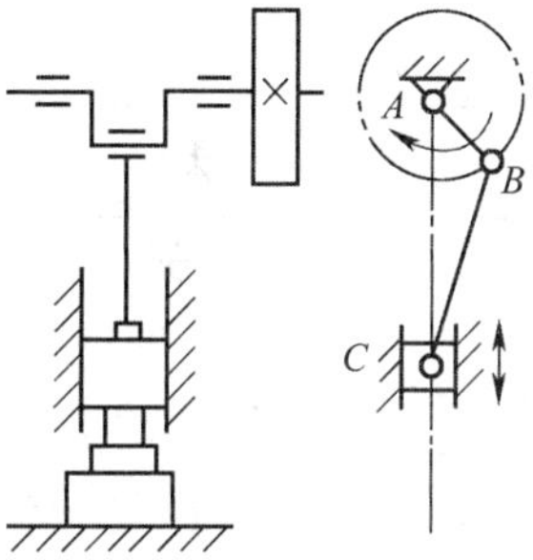	讨论：让学生自行总结并描述应用实例的运动过程	讨论
小结	铰链四杆机构的运动形式比较简单，与实际应用相结合可以加深学生对运动规律的理解和记忆	
课后作业	习题册	

§3–2　铰链四杆机构的基本性质

教学要求

1. 掌握曲柄存在的条件和铰链四杆机构基本类型的判别。
2. 掌握铰链四杆机构的急回特性和死点位置。

教学重点与难点

1. 教学重点

（1）曲柄存在的条件。

（2）铰链四杆机构类型的判别。

（3）铰链四杆机构的急回特性。

2. 教学难点

铰链四杆机构类型的判别。

教学建议

在充分利用讲授、实物演示、多媒体等教学手段的同时，选择学生可操作的模型进行演示分析和讲解，让学生边理解边动手操作，这样更有利于学生掌握曲柄存在的条件、铰链四杆机构基本类型的判别，以及死点位置和急回特性的知识。

典型教案

教师姓名		授课班级		授课日期	
授课章节	3-2　铰链四杆机构的基本性质				
教学内容	1. 曲柄存在的条件和铰链四杆机构基本类型的判别 2. 急回特性 3. 死点位置			理论学时	2
				实训学时	0
课程导入	通过多媒体课件演示，改变机架、连杆、曲柄和摇杆相互之间的位置关系，以及相应运动形式的变化，然后导出铰链四杆机构的基本性质				
教学设计				教师活动	学生活动
一、曲柄存在的条件和铰链四杆机构基本类型的判别 1. 曲柄存在的条件 （1）最短杆与最长杆长度之和小于或等于其余两杆长度之和 （2）最短杆为机架或连架杆 2. 铰链四杆机构基本类型的判别 根据曲柄存在的条件，可得出铰链四杆机构基本类型的判别方法 （1）当最短杆与最长杆长度之和小于或等于其余两杆长度之和时				引导学生回忆并总结每种铰链四杆机构的运动规律 讨论：分析杆长与运动形式之间的关系 重点讲解：铰链四杆机构基本类型的判别	跟随教师引导回忆并总结铰链四杆机构的运动规律 讨论

续表

教学设计	教师活动	学生活动
若最短杆为连架杆，则机构为曲柄摇杆机构 若最短杆为机架，则机构为双曲柄机构 若最短杆为连杆，则机构为双摇杆机构 （2）当最短杆与最长杆长度之和大于其余两杆长度之和时，则不论最短杆与最长杆哪个为机架，机构均为双摇杆机构	讨论和举例：讨论、总结规律并画出例图让学生判断	讨论和举例
例题：铰链四杆机构四个杆的长度分别是30、20、50、45，如果分别以这四个杆作为机架，试判别各属于什么机构	计算例题，并通过多个例题进行巩固	计算
二、急回特性 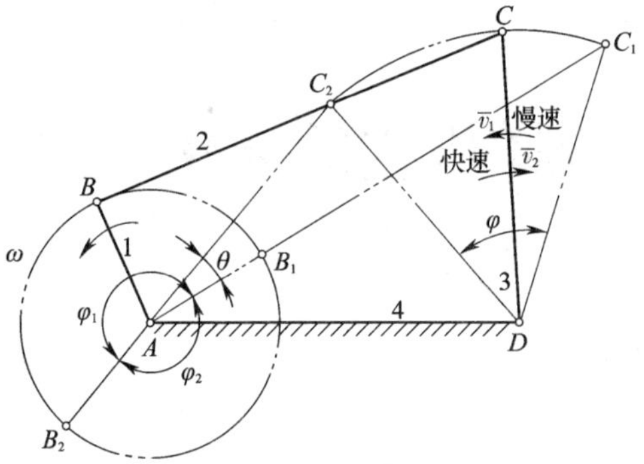 工作行程：DC_1 到 DC_2 的过程 空回行程：DC_2 到 DC_1 的过程 工作行程和空回行程摇杆的摆角相同，曲柄 AB 的转角 $\varphi_1=180°+\theta$，$\varphi_2=180°-\theta$ 急回特性：当曲柄做等速转动时，摇杆空回行程的平均速度大于工作行程的平均速度，这种性质称为机构的急回特性	分析和讨论：带领学生计算、分析摇杆在运动过程中速度的变化，进而分析什么是急回特性	分析和讨论
三、死点位置 当从动件上的传动角等于零时，驱动力对从动件的有效回转力矩为零，这个位置称为机构的死点位置，也就是机构中从动件与连杆共线的位置称为机构的死点位置 发生死点的条件是机构中往复运动构件主动，曲柄从动；发生死点的位置为连杆与曲柄的平面连杆机构共线位置	分析和讨论：带领学生分析，找到死点位置并分析其规律	分析和讨论

续表

教学设计		教师活动	学生活动
死点位置对于传动机构的运动是有害的，但对于夹紧等是有益的，如某夹紧装置和飞机起落架机构等 详见教材：图 3–14、图 3–15			
小结	在本节中铰链四杆机构三种基本类型的判别是重点，在学习了判别方法后，可通过例题和作业让学生加强练习，不断提高和巩固。同时需要和学生讲清楚铰链四杆机构主要有急回特性和死点位置两个基本性质，这两个基本性质在有些应用场合可能是有害的，在实际应用中要充分发挥这两个性质的特点为实际生产生活服务		
课后作业	习题册		

§3–3　铰链四杆机构的演化

教学要求

1. 了解铰链四杆机构的演化形式。
2. 熟悉曲柄滑块机构、偏心轮机构、导杆机构的特点及应用。

教学重点与难点

1. 教学重点

曲柄滑块机构的特点及应用。

2. 教学难点

（1）曲柄滑块机构的应用。

（2）导杆机构的应用。

教学建议

前面已经介绍过，铰链四杆机构三种基本类型还可以演化（演变）出其他的机构类型，这里的曲柄滑块机构、偏心轮机构和导杆机构就是铰链四杆机构的演变形式，而且还远不止教材中涉及的这三种形式。建议本节重点讲解曲柄滑块机构和偏心轮机构，因为这两个机构是汽车发动机的必用机构，与本专业息息相关。

典型教案

<table>
<tr><td>教师姓名</td><td></td><td>授课班级</td><td></td><td>授课日期</td><td></td></tr>
<tr><td>授课章节</td><td colspan="5">3–3 铰链四杆机构的演化</td></tr>
<tr><td rowspan="2">教学内容</td><td colspan="3" rowspan="2">1．曲柄滑块机构
2．偏心轮机构
3．导杆机构</td><td>理论学时</td><td>2</td></tr>
<tr><td>实训学时</td><td>0</td></tr>
<tr><td>课程导入</td><td colspan="5">铰链四杆机构的结构简单，可以实现所需的各种运动，但是在某些情况下需要使铰链四杆机构的构件形状或尺寸发生变化，以适应更多的机械设备，但是其运动规律和性质是不变的</td></tr>
<tr><td colspan="4">教学设计</td><td>教师活动</td><td>学生活动</td></tr>
<tr><td colspan="4">一、曲柄滑块机构
曲柄滑块机构是由曲柄摇杆机构演化而来的。当扩大转动副，使转动副变成移动副时，就变成了曲柄滑块机构
曲柄滑块机构的应用
1．内燃机气缸</td><td>引领学生观察例图，分析曲柄滑块机构的演化过程
引导学生自己分析并说明内燃机气缸和冲压机的运动方式</td><td>根据教师的引导，分析例图，回答问题</td></tr>
</table>

续表

教学设计	教师活动	学生活动
2．冲压机 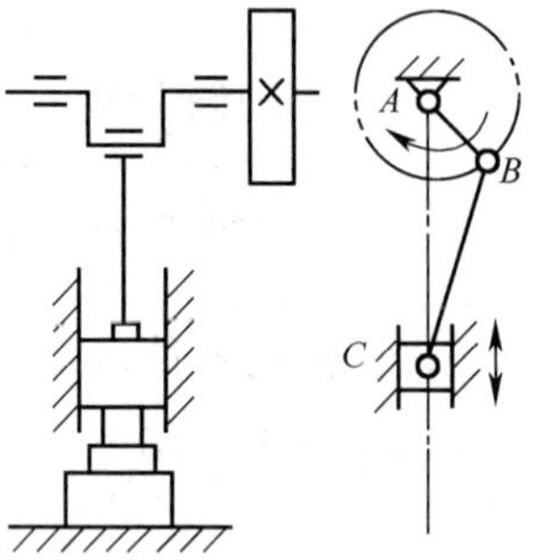 二、偏心轮机构 在曲柄滑块机构（曲柄摇杆机构）中，往往用一个旋转中心与几何中心不重合的偏心轮代替曲柄，含有偏心轮的机构称为偏心轮机构 偏心轮机构多用于受力较大且滑块行程较小的机械中 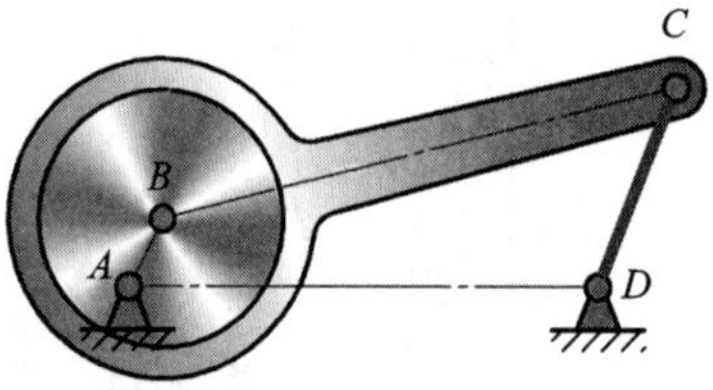  偏心轮机构应用实例：颚式破碎机 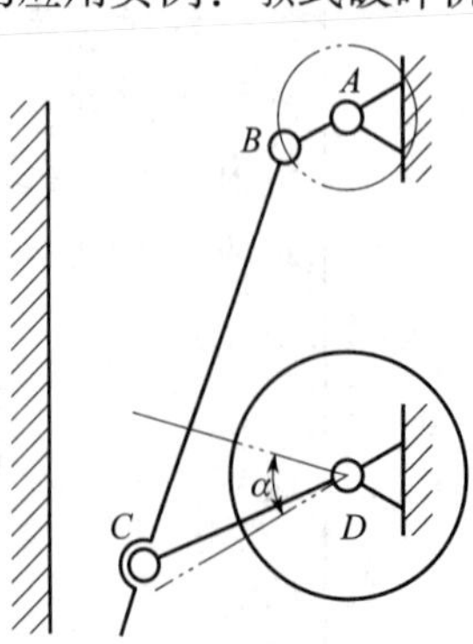 	引领学生观察例图，分析偏心轮机构的演化过程	根据教师的引导，分析例图，回答问题

续表

教学设计	教师活动	学生活动
三、导杆机构 导杆机构是在曲柄滑块机构的基础上演变而来的。 1．当将曲柄滑块机构的曲柄改为机架时，就演化成转动导杆机构 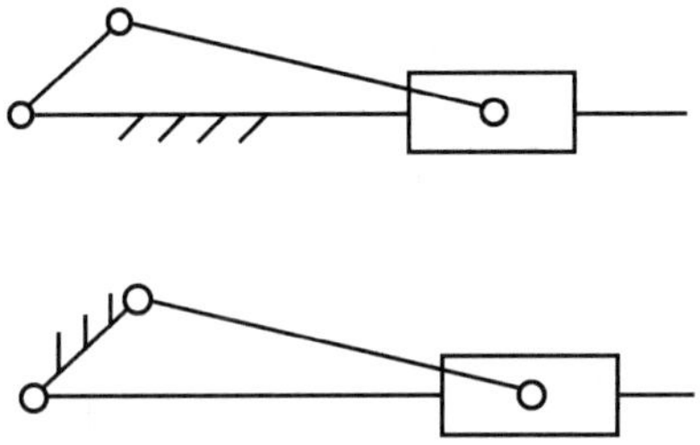 2．选择不同的构件作机架得到不同的演化机构，下图所示为摆动导杆机构 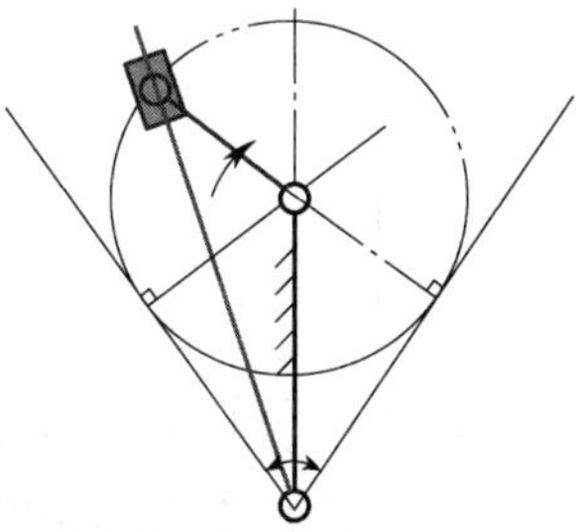 3．将曲柄滑块机构中的滑块固定不动，就得到移动导杆机构 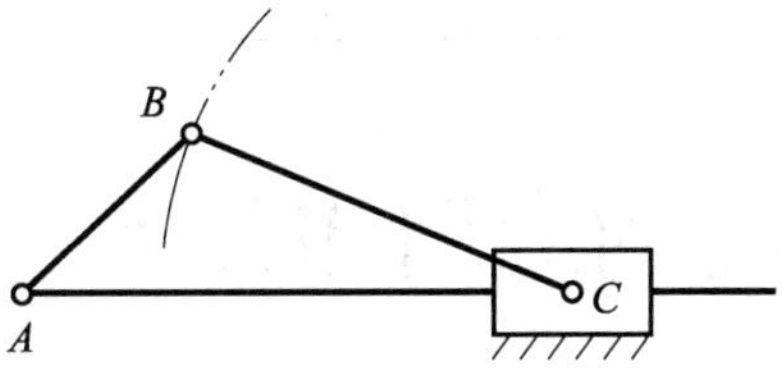 B A　C 4．导杆机构的应用实例 （1）牛头刨床主运动机构	引领学生观察例图，分析导杆机构是由哪种铰链四杆机构演化而来的	根据教师的引导，分析例图，回答问题

续表

教学设计	教师活动	学生活动
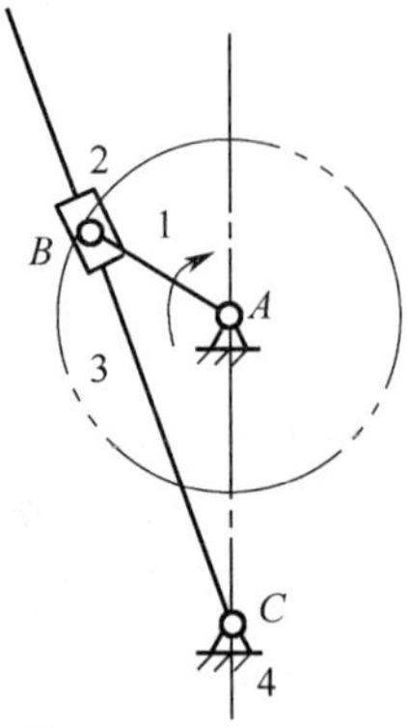 （2）手压抽水机 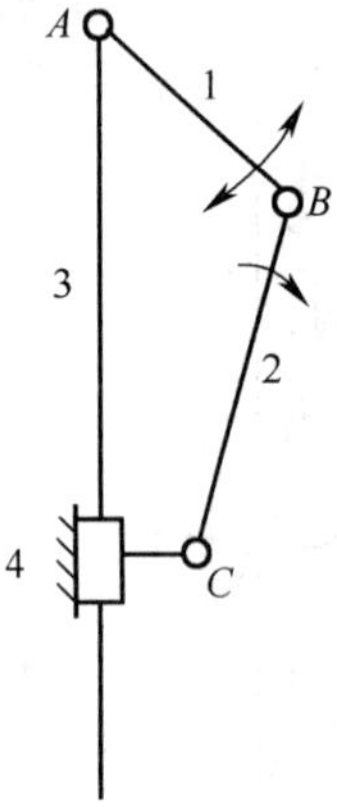	引导学生自己分析牛头刨床的主运动和手压抽水机的运动方式	分析讨论，得出结论
小结	很多机构都是由铰链四杆机构演化而来的，只要掌握了铰链四杆机构各类型的运动规律和特点，演化机构的运动原理就非常好理解，实际范例可以加深学生对铰链四杆机构的理解	
课后作业	习题册	

§3–4　凸轮机构的应用和分类

教学要求

1. 了解凸轮机构的组成、特点及分类。
2. 了解凸轮的结构和材料。

教学重点与难点

1. 教学重点

（1）凸轮机构的组成、特点及分类。

（2）凸轮的结构和材料。

2. 教学难点

凸轮机构从动件的基本类型及其特点。

教学建议

教学过程中，讲述凸轮机构的内容时，顺便简要讲解间歇运动机构、棘轮机构和槽轮机构的相关知识。可通过多媒体演示等形式，拓展学生对其他机构的了解和认识。

典型教案

教师姓名		授课班级		授课日期	
授课章节	§ 3–4　凸轮机构的应用和分类				
教学内容	1. 凸轮机构的组成及特点 2. 凸轮机构的分类 3. 凸轮的结构 4. 凸轮的材料			理论学时	2
				实训学时	0
课程导入	由凸轮机构的应用实例，如汽车内燃机配气机构、自动车床刀架进给机构、曲轴等导入知识内容，让学生对凸轮的特点有感性认识				

教学设计	教师活动	学生活动
一、凸轮机构的组成及特点 凸轮机构由凸轮、从动件和机架三个基本构件组成 凸轮是主动件，通过凸轮的连续匀速转动（也有做往复移动的），使从动件在凸轮轮廓的驱动下，按预定运动规律做往复直线运动或摆动	讲解：通过教具或视频等向学生演示凸轮机构的运动过程，在演示过程中讲解凸轮机构的构成	

续表

教学设计	教师活动	学生活动
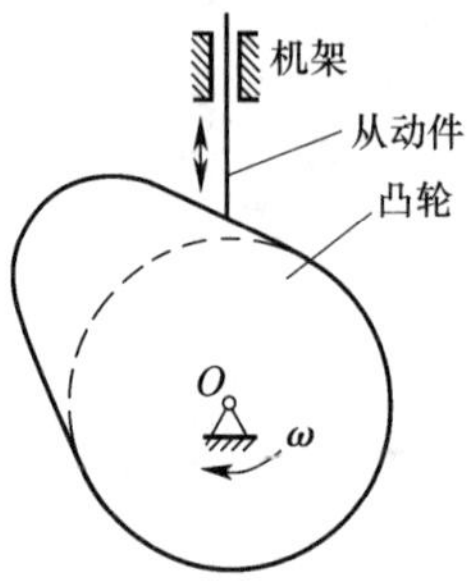 机架 从动件 凸轮 O ω	提问：凸轮机构的组成部分有哪些	回答
凸轮机构的特点如下 （1）结构简单，只需改变凸轮的外廓形状，就可改变推杆的运动规律，容易实现复杂运动的要求，应用较为广泛 （2）凸轮外廓与推杆是点接触或线接触，容易磨损，多用在传递动力不大的场合 （3）可以高速启动，动作准确、可靠 二、凸轮机构的分类 凸轮机构的类型很多，通常按凸轮和从动件的几何形状及运动形式分类	提问：凸轮机构的特点有哪些	回答
1. 按凸轮几何形状分类 按照凸轮形状分为盘形凸轮、圆柱凸轮和移动凸轮 （1）盘形凸轮是一种外缘或凹槽具有变化半径的盘形构件，是凸轮的基本形式，通过凸轮的转动，推动从动件做往复直线运动 （2）圆柱凸轮是一种在圆柱面上开有曲线凹槽或在圆柱端面上制出曲线轮廓的构件 （3）移动凸轮，其外形呈平板状，并做往复直线运动，从而推动从动件做往复运动	提问：按照凸轮几何形状分类，凸轮机构一般分为哪几类	回答
2. 按从动件端部结构形式和运动形式分类 根据从动件的端部结构形式，凸轮机构分为尖顶、滚子、平底三种类型。在每种类型中，按从动件的运动形式又可分为移动和摆动两种 尖顶的结构最为简单，且尖顶能与任意复杂的凸轮轮廓保持接触，从而保证从动件实现复杂的运动	讨论：凸轮从动件顶端形状有哪几种？每种有什么特点	讨论

续表

教学设计	教师活动	学生活动
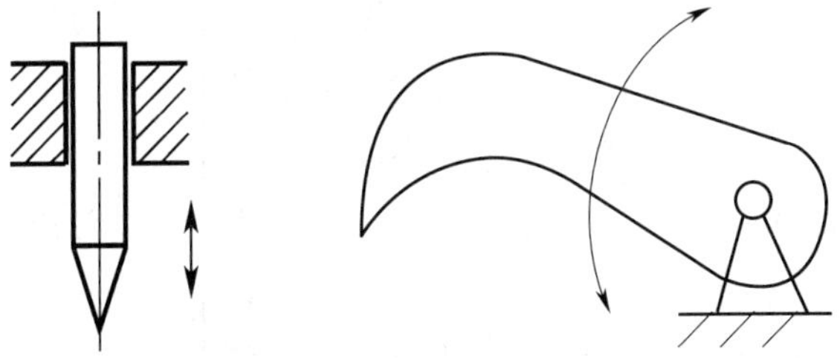 滚子从动件与凸轮的接触为线接触，且滚子与凸轮间为滚动摩擦，摩擦和磨损小，能用来传递较大的动力，在机械中应用最为广泛 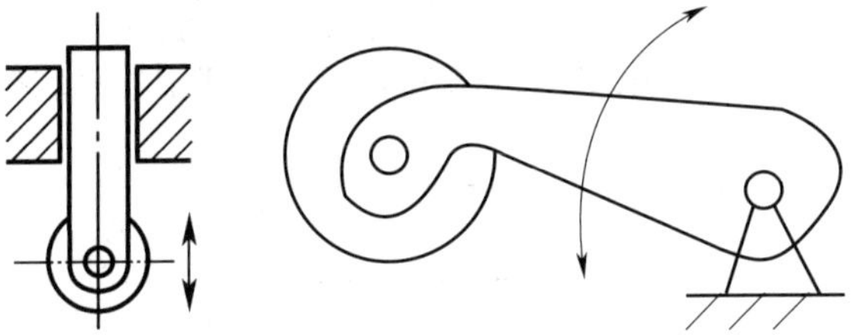 从动件的平底与凸轮轮廓间形成的楔形油模有利用减小摩擦和磨损 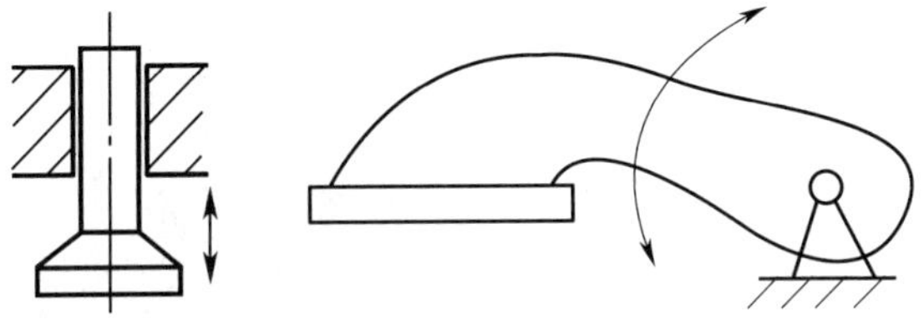 三、凸轮的结构 <table><tr><th>类型</th><th>说明</th></tr><tr><td>凸轮轴</td><td>当凸轮尺寸小且接近轴径时，则凸轮与轴做成一体，称为凸轮轴</td></tr><tr><td>整体式凸轮</td><td>当凸轮尺寸较小又无特殊要求或不需要经常装拆时，一般采用整体式凸轮</td></tr><tr><td>可调式凸轮</td><td>凸轮片与轮毂分开，利用凸轮片上的三个圆弧槽来调节凸轮片与轮毂间的相对角度，从而调整凸轮推动从动件的起始位置</td></tr></table>	提问：按照凸轮的结构，凸轮分哪几种？各有什么特点	回答

续表

教学设计		教师活动	学生活动
四、凸轮的材料 凸轮机构工作时往往要承受冲击载荷，同时凸轮表面将产生严重的磨损，凸轮轮廓磨损后会导致从动件运动规律发生变化。因此要求凸轮表面硬度高且耐磨，其心部要有较好的韧性 在低速、轻载的场合，凸轮采用40、45钢进行调质；在中速、中载的场合，采用45或40Cr钢表面淬火或20Cr钢渗碳淬火；在高速、重载的场合，采用40Cr钢高频感应加热淬火		提问：凸轮对材料有什么要求 讨论：汽油机上有凸轮轴吗？柴油机上有凸轮轴吗？摩托车上有凸轮轴吗	回答 讨论
小结	凸轮机构的运动轨迹不容易想象出来，在讲解时最好利用教具或视频，以便于学生理解		
课后作业	习题册		

§3–5　凸轮机构的运动规律

教学要求

1. 了解凸轮机构的工作过程。
2. 熟悉凸轮轴从动件的常用运动规律。

教学重点与难点

1. 教学重点

（1）凸轮机构的工作过程及凸轮机构的一些基本概念。

（2）凸轮机构从动件的常用运动规律及曲线。

2. 教学难点

凸轮机构从动件的常用运动规律及曲线。

教学建议

教学过程中，要特别强调凸轮轮廓形状、从动件运动规律、机器工作要求三者之间的关系：凸轮轮廓形状是根据从动件所要求的运动规律来设计的，从动件运动规律是根据机器运行的工作要求决定的。所以说，机器的工作要求决定从动件的运动规律，从动件的运动规律决定凸轮轴的轮廓形状。

典型教案

<table>
<tr><td>教师姓名</td><td></td><td>授课班级</td><td></td><td>授课日期</td><td></td></tr>
<tr><td>授课章节</td><td colspan="5">§ 3–5　凸轮机构的运动规律</td></tr>
<tr><td rowspan="2">教学内容</td><td colspan="3" rowspan="2">1．凸轮机构的工作过程
2．从动件的常用运动规律</td><td>理论学时</td><td>1</td></tr>
<tr><td>实训学时</td><td>0</td></tr>
<tr><td>课程导入</td><td colspan="5">通过多媒体演示发动机进气、排气机构的工作过程，让学生明白发动机之所以能定时开启及关闭进气门和排气门，是由于凸轮机构的作用，然后引入凸轮机构工作过程的讲解</td></tr>
<tr><td colspan="4">教学设计</td><td>教师活动</td><td>学生活动</td></tr>
<tr><td colspan="4">一、凸轮机构的工作过程
凸轮机构中最常用的运动形式是凸轮做等速回转运动，从动件做往复移动
凸轮按逆时针方向旋转，从动件位于最低位置时，它的尖端与凸轮轮廓上的 A 点接触。凸轮旋转一圈，从动件的尖端又回到 A 点
二、从动件的常用运动规律
1．等速运动规律
凸轮做等角速度转动时，从动件上升或下降的速度是一常数，这种运动规律称为从动件的等速运动规律</td><td>讨论：凸轮机构的工作过程</td><td>讨论</td></tr>
</table>

续表

教学设计	教师活动	学生活动
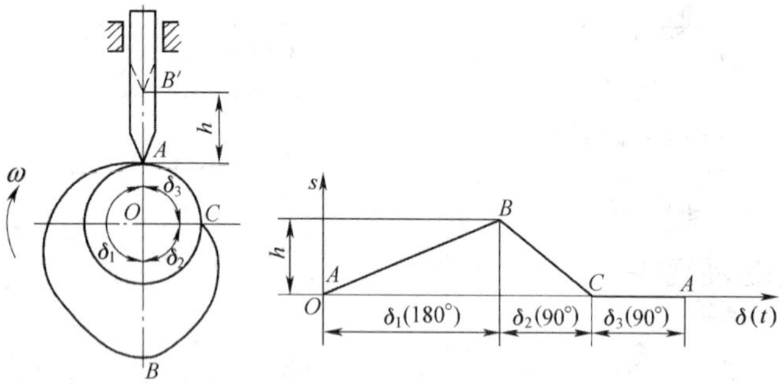 等速运动规律从动件由静止开始，然后以速度 v 上升运动，产生一次突然冲击；从动件上升到最高点立即转为下降运动，又产生一次突然冲击，这种冲击为刚性冲击。随着凸轮的连续转动，从动件将周期性地产生刚性冲击，引起强烈的振动，对工作不利，只适用于低速转动和从动件质量较小的场合 2．等加速、等减速运动规律 等加速、等减速运动规律是指从动件运动的整个升程在前半段做等加速上升，后半段做等减速继续上升，这种运动规律称为等加速、等减速运动规律 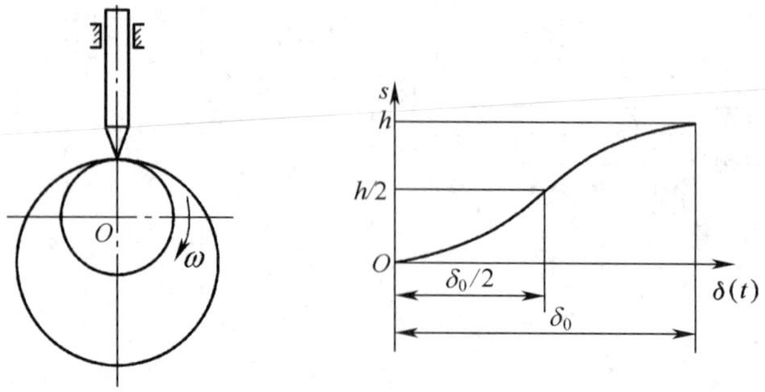	讲解：分析凸轮的等速运动规律。特别注意绘制凸轮运动方向和位移曲线的关系 讨论：等速运动规律的特点 讲解：分析凸轮的等加速、等减速运动规律。特别注意位移曲线和角速度的关系	讨论

续表

教学设计		教师活动	学生活动
等加速、等减速运动规律的位移与转角是二次函数关系，所以位移曲线为一抛物线。如果把前半段的等加速抛物线与后半段的等减速抛物线结合起来，就是从动件等加速、等减速运动规律的位移曲线 当凸轮顺时针转动时，从动件等加速上升后变为等减速上升，到达全程最高点时，上升速度趋于零，而后转入回程。在从动件的整个运动过程中，速度没有发生突变，避免了刚性冲击 等加速、等减速运动规律具有冲击小、运动平稳的优点，适用于凸轮转速较高和从动件质量较大的场合		讨论：等加速、等减速运动规律的特点	讨论
小结	凸轮机构的运动规律不容易理解，可以结合教具或视频，加深学生的理解。同时，如果有必要可以多绘制几种位移曲线强化学生练习和理解		
课后作业	习题册		

补充材料

凸轮机构从动件的其他运动规律

凸轮机构从动件的运动规律除较简单的等速运动规律和等加速、等减速运动规律外，还有其他运动规律，如简谐运动规律和摆线运动规律等。

1. 简谐运动规律

凸轮做等速回转，从动件在行程中做简谐运动的运动规律称为简谐运动规律。简谐运动规律的位移曲线、速度曲线和加速度曲线如下图所示。由于加速度曲线按余弦曲线变化，因此简谐运动规律又称余弦加速度运动规律。

简谐运动规律的凸轮机构只在运动的始末两点有加速度的有限突变，虽然存在柔性冲击，但对机构的影响较小，适用于中速、中载的场合。

2. 摆线运动规律

凸轮做等速回转，从动件在行程中做摆线运动的运动规律称为摆线运动规律。摆线运动规律的位移曲线、速度曲线和加速度曲线如下图所示。由于加速度曲线按正弦曲

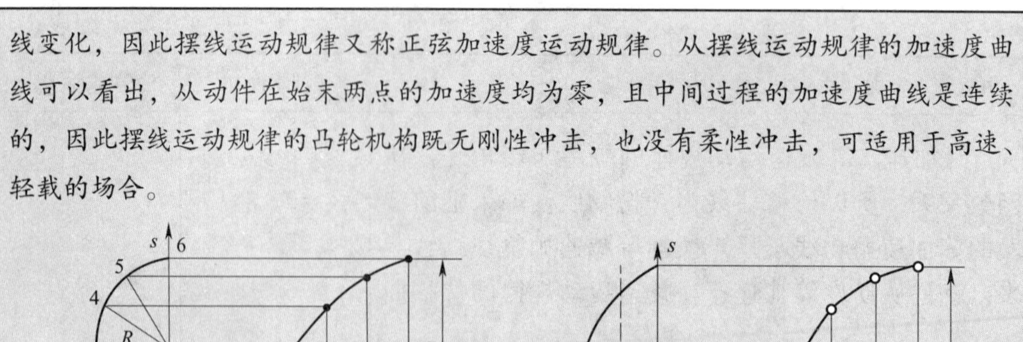

线变化，因此摆线运动规律又称正弦加速度运动规律。从摆线运动规律的加速度曲线可以看出，从动件在始末两点的加速度均为零，且中间过程的加速度曲线是连续的，因此摆线运动规律的凸轮机构既无刚性冲击，也没有柔性冲击，可适用于高速、轻载的场合。

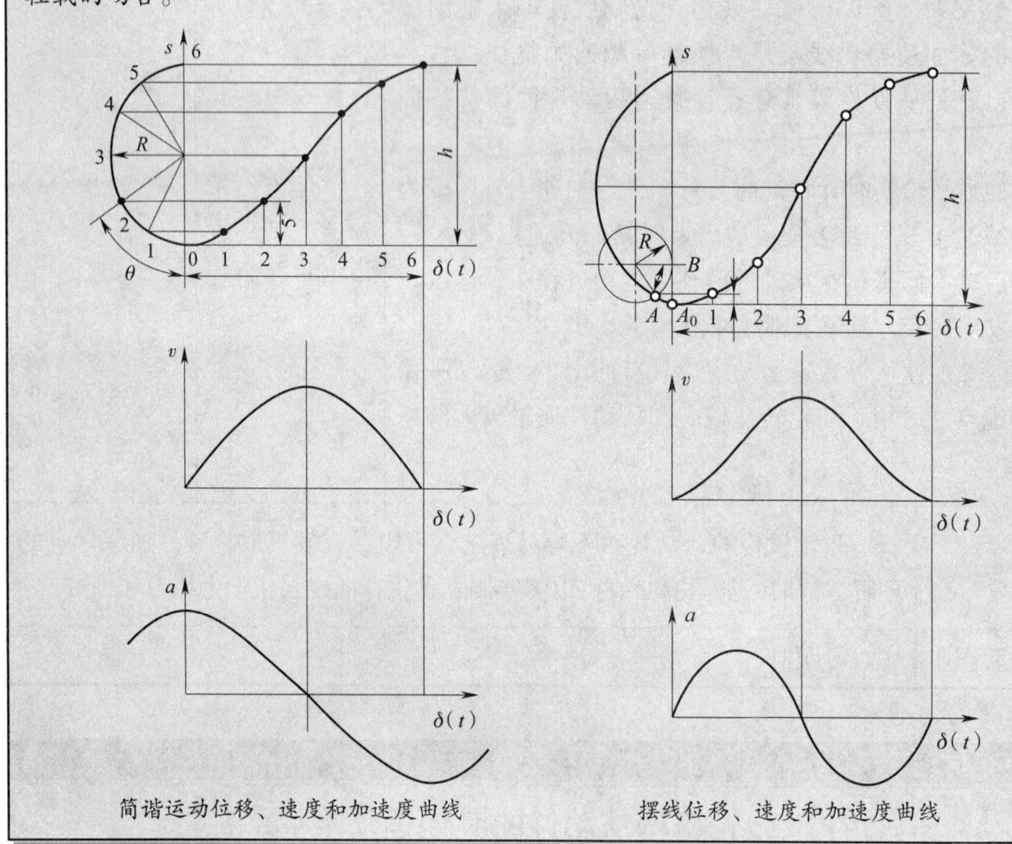

简谐运动位移、速度和加速度曲线　　　　摆线位移、速度和加速度曲线

实 操 训 练

教学要求

了解机械设备中常见机构的结构与运动，增加感性认识。

教学重点与难点

1. 教学重点

（1）常见机械设备中的机构原理。

（2）绘制机构简图。

2. 教学难点

绘制机构简图。

教学建议

本节的实训内容看似简单，实际上难度较大，在实训过程中除了书上列举的公交车车门外，还要看能不能找到其他适合本阶段学生的典型机构实例，同时要利用寻找典型机构实例和绘制机构简图的过程培养学生的团队合作意识。

典型教案

教师姓名		授课班级		授课日期	
授课章节	实操训练				
教学内容	观察生活、生产中使用的机械设备，完成观察报告			理论学时	0
				实训学时	1
课程导入	现实生活中类似于公交车车门、汽车刮水器等铰链四杆机构的应用实例很多，在上课之初，教师可以先列举几个，引导学生认识到观察的重要性，进而激发学生的学习兴趣				
教学设计				教师活动	学生活动
明确任务	1. 明确学习任务：观察生活、生产中使用的机械设备，完成观察报告 2. 温习安全教育知识，学习安全生产要求 3. 温习车间的“6S”管理要求 4. 温习铰链四杆机构及其演化机构			下发任务	明确任务，领取观察内容及参观报告
收集信息	查找资料，看一看哪些机械设备和平时的生活用品中用到了铰链四杆机构及其演化机构			组织学生查阅资料	清点拆装工具及查阅资料
计划决策	1. 温习绘制机构简图的方法 2. 讲解填写观察内容及参观报告的注意事项			1. 讲解并演示 2. 组织学生观看	领会讲解意图

续表

教学设计		教师活动	学生活动
实施计划	1. 依据观察内容及参观报告要求，写出公交车车门的组成机构和工作原理，并绘制公交车车门的机构简图 2. 在完成公交车车门的观察内容及参观报告后，在车间寻找其他机构，并按公交车车门观察内容及参观报告的式样，进行原理分析和机构简图绘制	巡视指导，必要时进行示范讲解	自主练习，遇到问题组内、组间或向教师寻求帮助
检查控制	安全防护检查、课堂纪律检查、操作规范检查、任务完成情况检查和课堂时间控制等，并填写相应的检查记录	检查并完成教师检查记录	完成工作任务并完成学生自检、互检检查记录
评价总结	小组总结实训过程、组间评价实训过程、教师评价实训过程，分析和总结实训过程中出现的问题	评价学生实训过程中出现的问题	总结、评价和反思实训过程，完成实训报告
小结	本次课程实训主要是让学生掌握常见机构的原理分析和机构简图绘制，在参观过程中首先要注意参观纪律和参观安全。在现实生产中存在某些机构复杂但原理简单的情况，应培养学生透过现象寻找本质的基本能力		
课后作业	习题册		

第四章 机械传动

学时分配表

教学单元	教学内容	学时
§4-1 带传动	一、带传动的组成及分类	1
	二、带传动的特点	
	三、平带传动	1
	四、V 带传动	
	课堂讨论	
§4-2 链传动	一、链传动的组成	1
	二、链传动的类型、特点及应用	
	三、滚子链	1
	四、链传动比	
	五、链轮的结构与材料	1
	六、链传动的使用与维修	
	课堂讨论	
§4-3 摩擦轮传动	一、摩擦轮传动的工作原理	1
	二、摩擦轮传动的传动比	
	三、摩擦轮传动的特点	1
	课堂讨论	

续表

教学单元	教学内容	学时
§4-4　螺旋传动	一、螺旋传动的组成	1
	二、普通螺旋传动	
	三、差动螺旋传动	1
	四、滚珠螺旋传动	
	课堂讨论	
§4-5　齿轮传动	一、齿轮传动的特点、类型和传动比	1
	二、渐开线直齿圆柱齿轮	
	三、齿轮传动的失效形式	1
	四、齿轮材料	
	五、齿轮的结构形式	
	六、齿轮传动的润滑	1
	七、其他齿轮传动	
	课堂讨论	
§4-6　蜗杆传功	一、蜗杆传动的组成	1
	二、蜗杆传动的特点	
	三、蜗杆传动的类型	
	四、蜗杆传动的基本参数	1
	五、蜗杆传动的正确啮合条件	
	六、蜗杆传动旋转方向的判定	
	课堂讨论	
§4-7　轮系	一、轮系的分类	1
	二、轮系的功用	
	三、定轴轮系	
	四、周转轮系	1
	课堂讨论	
实操训练	台式钻床速度和张紧力的调节	8
	1. 观察减速器实物，参照装配图分析减速器的结构 2. 了解齿轮和轴承的润滑、密封方法	
合　　计		24

§4-1　带　传　动

教学要求

1. 了解带传动的组成、分类、工作原理及应用。
2. 会计算带传动的传动比。
3. 了解平带、V 带的结构和主要参数。
4. 了解 V 带的安装与维护方法。

教学重点与难点

1. 教学重点

（1）带传动的组成、分类、工作原理及应用。

（2）带传动的传动比计算。

（3）平带、V 带的结构、标准及材料。

（4）V 带传动的安装、张紧与维护。

2. 教学难点

（1）新型带传动的应用。

（2）V 带传动的安装、张紧与维护。

教学建议

1. 本节的主要任务是使学生了解和掌握带传动的相关知识，并逐步提高对机械传动的认知能力。

2. 教学中，可通过带传动在日常生活和生产实践中的常见实例（如汽车发动机中的带传动、缝纫机中的带传动等），逐步导入带传动的组成、工作原理和分类。平带传动和普通 V 带传动在实际应用中最为广泛，要作为重点进行讲解，对汽车多楔带和汽车同步带传动进行简单叙述，其他应用较少的带传动（如圆带传动等），可根据需要给予补充，以扩大学生的知识面。

典型教案

教师姓名		授课班级		授课日期	
授课章节	§ 4–1　带传动				
教学内容	1. 带传动的组成及分类 2. 带传动的特点 3. 平带传动 4. V 带传动			理论学时	2
				实训学时	0
课程导入	本节可以用提问的方法导入，例如提问“大家在什么地方遇见过带传动，带传动是怎样工作的，大家见过的用于传动的带都是什么样子的”，也可以结合多媒体演示带传动的应用				

教学设计	教师活动	学生活动
一、带传动的组成及分类 带传动由主动轮、从动轮、传动带组成 原理：带传动依靠带和带轮之间的摩擦或啮合来传递运动和动力 1. 摩擦传动 （1）平带传动 特点：结构简单，带轮制造容易，质量轻，挠曲性好 应用：常用于高速、中心距大、平行轴的交叉传动与交错轴的半交叉传动 （2）V 带传动 特点：承载能力强，是平带的 3 倍，使用寿命长 应用：一般机械常用 V 带传动 2. 啮合传动——同步带传动 特点：传动比准确，传动平稳，传动精度高，结构较复杂 应用：数控车床、纺织机械等传动精度要求较高的场合	讲解：通过讲解不同结构带的特点，分析该结构带传动的特点 讨论：如果应使用啮合带传动的场合使用平带会有什么结果	讨论并总结
二、带传动的特点 传动平稳，噪声低，可缓冲吸振，过载时，带会在带轮上打滑，起到过载保护作用；允许有较大的中心距，结构简单，制造、安装和维护较方便，成本低廉；传动效率低，使用寿命短	重点讲解：结合带的特点讲解带传动的特点	

续表

教学设计	教师活动	学生活动
三、平带传动 1. 平带传动的工作原理 利用带作为中间挠性件，依靠带与带轮之间的摩擦力来传递运动和动力 2. 平带的传动比 平带的传动比 i 就是两带轮的角速度（或速度）之比，也等于两带轮直径的反比，即 $$i=\frac{\omega_1}{\omega_2}=\frac{n_1}{n_2}=\frac{D_2}{D_1}$$ 式中　ω_1——主动轮的角速度，rad/s ω_2——从动轮的角速度，rad/s n_1——主动轮的转速，r/min n_2——从动轮的转速，r/min D_1——主动轮的直径，mm D_2——从动轮的直径，mm 一般平带的传动比 $i \leqslant 5$，带速 v 为 5 ~ 25 m/s 3. 平带的传动形式 平带环形内表面与带轮接触，结构简单，挠性好，适用于高速运转的传动；又因平带的扭转性能好，适用于平行轴的交叉传动 （1）开口式 用于两轴平行且旋转方向相同的场合，应用最为广泛 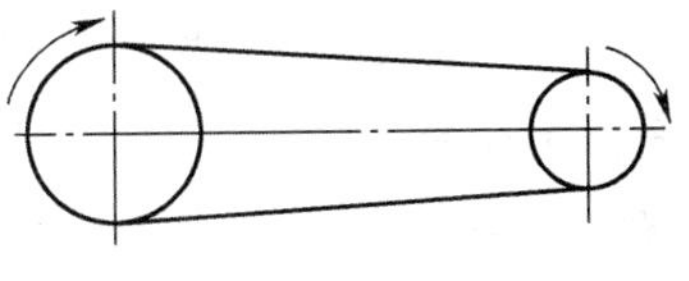 （2）交叉式 用于两轴平行且旋转方向相反的场合 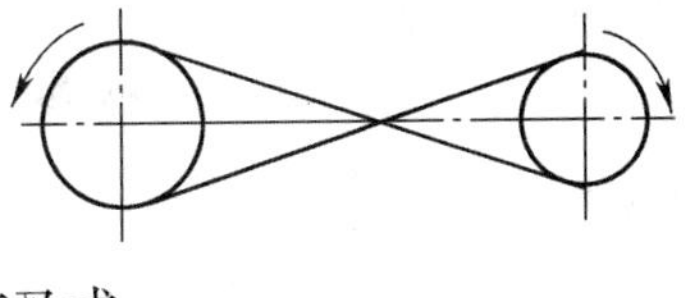 （3）半交叉式 用于两轴轴线不平行，空间相错的场合，交错角通常为 90°	讲解：利用视频、PPT 和教具等详细讲解平带传动的传动比和平带的传动形式	理解的基础上记忆，并能够灵活使用传动比计算公式

续表

教学设计	教师活动	学生活动
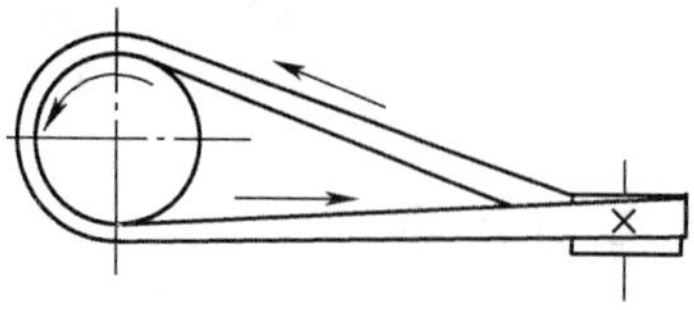 4. 平带的主要参数 （1）带轮的包角 带轮的包角（α）就是带与带轮接触面的弧长所对应的中心角。包角的大小反映带与带轮接触弧的长短 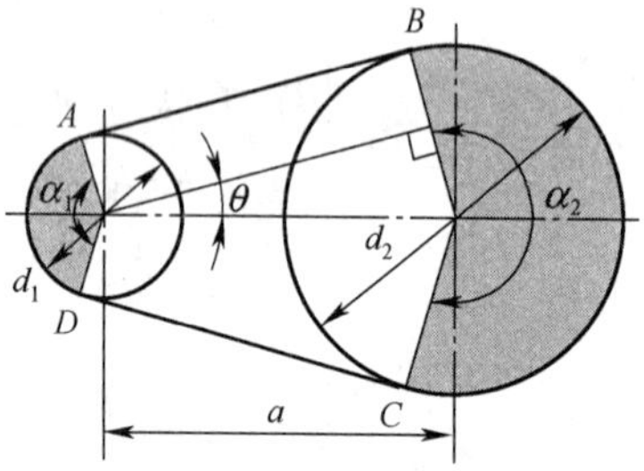 （2）带长 平带的带长（L）是指带的内周长度。在实际使用中，还须考虑平带在带轮上的张紧量、悬垂量和平带的接头量 例题：在平带开口式传动中，已知主动轮直径 d_1=200 mm，从动轮直径 d_2=600 mm，两传动轴中心距 a=1 200 mm，试计算其传动比，验算包角并计算带长 四、V 带传动 1. V 带的结构 V 带是没有接头的环形带，截面为梯形，由包布、顶胶、抗拉体、底胶构成，抗拉体有帘布芯结构和绳芯结构两种，V 带两侧面是工作面 2. V 带的类型 常用的 V 带主要类型包括普通 V 带、窄 V 带、宽 V 带、半宽 V 带等，它们的楔角均为 40° 另外还有楔角为 60° 的大楔角 V 带、汽车专用 V 带等 其中普通 V 带应用最为广泛 3. 普通 V 带传动的主要参数 （1）普通 V 带的截面尺寸	详细讲解：根据带传动的结构形式引出带传动的主要参数，特别是小带轮的包角。同时说明带长为什么是内周长度 重点讲解：结合平带接头的形式讲解其长度是根据实际需要进行截取和连接的 讲解：通过实例讲解传动比、包角和带长的计算方法 重点讲解：结合图片、视频或 PPT 详细讲解 V 带的结构，特别强调 V 带的工作面为两侧面	计算平带的传动比、包角和带长

续表

教学设计	教师活动	学生活动
普通 V 带分为 Y、Z、A、B、C、D、E 七种型号。V 带的截面积越大，其传递的功率也越大 （2）普通 V 带带轮的轮槽尺寸 带轮由轮缘、轮辐和轮毂三部分组成。轮缘是带轮的工作部分，制有梯形轮槽。轮缘与轮毂则用轮辐（腹板）连接成一整体 b_d　基准　φ　d_d （3）传动比 V 带传动的传动比 $i \leqslant 7$ $$i = \frac{n_1}{n_2} = \frac{d_{d1}}{d_{d2}}$$ 式中　d_{d1}——大带轮的基准直径，mm d_{d2}——小带轮的基准直径，mm （4）带的基准长度 L_d 带的基准长度是 V 带在规定的张紧力下，位于测量带轮基准直径上的周线长度（注意：国家标准对基准长度有具体规定） （5）传动实际中心距 a 中心距一般根据结构要求来确定，若未给出中心距，可根据下式初定中心距，即 $0.7(d_{d1}+d_{d2}) \leqslant a \leqslant 2(d_{d1}+d_{d2})$ （6）小带轮包角 $$\alpha_1 = 180° - \frac{d_{d2} - d_{d1}}{a} \times 57.3°$$ 小带轮包角要求 $\alpha \geqslant 120°$	重点讲解：V 带的截面尺寸是依据传递功率进行选择的；V 带带轮的轮槽尺寸要与 V 带的截面形状相对应 提问：平带的传动比一般小于多少 重点讲解：国家标准对 V 带的基准长度有具体规定 重点讲解：结合平带包角讲解 V 带包角	回答

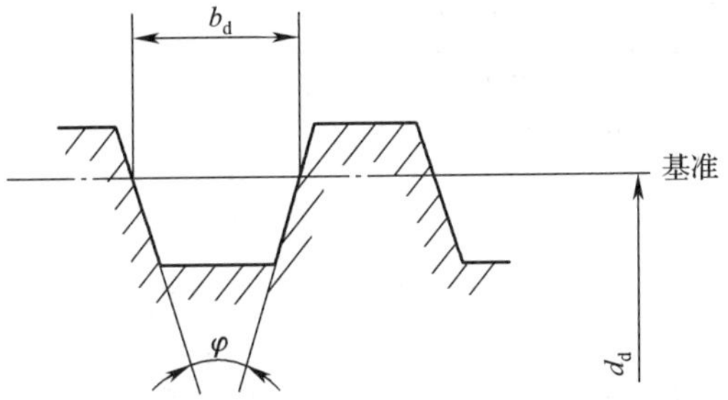

续表

<table>
<tr><th colspan="2">教学设计</th><th>教师活动</th><th>学生活动</th></tr>
<tr><td colspan="2">4. 汽车用多楔带
多楔带是在平带的机体下附有若干纵向三角形楔的传动带。汽车用多楔带的规格包括楔数、型号、有效长度。例如，6PK1150 表示楔数为 6、有效长度为 1 150 mm 的汽车用多楔带
5. 汽车同步带
汽车同步带的结构分为 ZA 型（较轻负荷）、ZB 型（较重负荷）两种型号，其节距相同，均为 9.525 mm，区别在于带齿尺寸。汽车同步带的规格用数字和字母按齿数、齿形、宽度的顺序进行标记，例如，80ZA19 表示 80 个齿、19 mm 宽的轻型汽车同步带
6. 普通 V 带传动的安装与维护
（1）选用普通 V 带时，要保证 V 带的型号和基准长度正确，以保证 V 带在槽中的位置与槽面平齐
（2）两带轮轴线相互平行，两带轮相对应的 V 形槽的对称平面重合，误差不超过 20′，带轮安装在轴上不得摇晃摆动
（3）V 带安装的松紧程度以拇指能按下 15 mm 为宜
（4）为保证 V 带的使用安全和清洁，应给 V 带传动加防护罩
7. V 带的张紧装置
V 带长期受力会产生永久变形而伸长，使张紧力减小，导致传动能力降低，因此必须张紧
常用的张紧方法如下
（1）调整中心距
（2）使用张紧轮</td><td>建议结合实物讲解汽车用多楔带和汽车同步带

重点讲解：除了 V 带的安装与维护外，还要讲清楚 V 带的更换要求，V 带使用过程中应避免接触酸、碱、油等有腐蚀作用的介质，并且避免日光暴晒</td><td>通过分析图例总结不同张紧方法的原理和特点</td></tr>
<tr><td>小结</td><td colspan="3">带传动是比较经典也比较简单的传动，学生很容易理解其传动特点和应用。带轮参数和传动比计算需要重复练习，此外，如果条件允许建议参观带传动的机械设备，增加学生的感性认识</td></tr>
<tr><td>课后作业</td><td colspan="3">习题册</td></tr>
</table>

§4–2　链　传　动

教学要求

1. 了解链传动的组成、类型、特点及应用。

2. 会计算链传动的传动比。

3. 掌握链传动的使用与维修方法。

教学重点与难点

1. 教学重点

（1）链传动的组成、类型、特点及应用。

（2）链传动的传动比。

2. 教学难点

链传动的传动比。

教学建议

1. 链传动在日常生活和生产实践中应用非常广泛。教学中建议对链传动的应用特点重点讲解，强调理论联系实际，使学生能真正理解链传动的应用场合。在链传动的应用特点中，能在低速、重载和高温等不良环境中工作以及能保持准确的平均传动比，是链传动最为鲜明的特点，这对于实际应用具有十分重要的意义。

2. 链传动在教材中起到承前启后的作用，与带传动相比，链传动也具有中间挠性件的结构；与齿轮传动相比，链传动同样具有啮合传动的特点。因此，在教材的处理和讲授方面要注意到前后章节的相互联系。

典型教案

<table>
<tr><td>教师姓名</td><td></td><td>授课班级</td><td></td><td>授课日期</td><td></td></tr>
<tr><td>授课章节</td><td colspan="5">§ 4–2　链传动</td></tr>
<tr><td rowspan="2">教学内容</td><td colspan="3" rowspan="2">1. 链传动的组成
2. 链传动的类型、特点及应用
3. 滚子链
4. 链传动比
5. 链轮的结构与材料
6. 链传动的使用与维修</td><td>理论学时</td><td>3</td></tr>
<tr><td>实训学时</td><td>0</td></tr>
<tr><td>课程导入</td><td colspan="5">通过日常最熟悉的交通工具自行车进行设问或课堂讨论，例如，自行车为什么会运动？是怎样运动的？是依靠什么传递运动的？通过日常生活中最常见的交通工具激发学生对链传动的进一步了解和学习新知识的兴趣，为突破难点做好准备</td></tr>
<tr><td colspan="4">教学设计</td><td>教师活动</td><td>学生活动</td></tr>
<tr><td colspan="4">一、链传动的组成
组成：主动链轮、链条、从动链轮
详见教材：图 4–16
链轮上制有特殊齿形的齿，通过链轮轮齿与链条的啮合来传递运动和动力
二、链传动的类型、特点及应用
<table>
<tr><td colspan="2">类型</td><td>特点</td><td>应用</td></tr>
<tr><td rowspan="2">传动链</td><td>滚子链</td><td>结构简单，磨损较轻</td><td>适用于一般链传动</td></tr>
<tr><td>齿形链</td><td>传动平稳，速度高，噪声低，耐冲击，但结构复杂，装拆困难，质量大，易磨损，成本高</td><td>适用于高速、低噪声、运动精度要求高的传动</td></tr>
<tr><td colspan="2">输送链</td><td>形式多样，布置灵活，工作速度一般不大于 4 m/s</td><td>用于输送工件、物品和材料</td></tr>
<tr><td colspan="2">起重链</td><td>结构简单，承载能力大，工作速度低</td><td>牵引、悬挂物品</td></tr>
</table></td><td>重点讲解：链轮的齿形与齿轮的齿形有什么不同

重点讲解：不同类型链的特点</td><td></td></tr>
</table>

续表

教学设计	教师活动	学生活动
1. 传动的优点 （1）没有弹性滑动与打滑现象，平均传动比恒定 （2）不需要很大的张紧力，对轴的压力小 （3）能传递较大的圆周力，效率较高 （4）维护容易，并有一定的缓冲减振作用 （5）能在较恶劣的环境下工作 2. 传动的缺点 （1）瞬时传动比不恒定，工作时有噪声 （2）磨损后容易发生跳齿 （3）不宜在载荷变化大和急速反向的传动中应用	重点讲解：结合链的结构讲解链传动的优缺点	
三、滚子链 1. 组成：滚子、套筒、轴销、外链板、内链板 详见教材：图 4–17	讲解：结合图片、视频或 PPT 讲解滚子链的组成	
2. 滚子链的参数 节距 p：节距越大，链的各组件尺寸、传动功率越大 排数：承载力太大时选择多排链，排数一般小于 4 排 标记：滚子链分 A 和 B 两个系列，我国主要采用 A 系列 例题：10A–2 × 88GB/T 1243—2006 四、链传动比 $$i_{12}=\frac{n_1}{n_2}=\frac{z_2}{z_1}$$ 式中　z_1、z_2——主、从动链轮齿数 n_1、n_2——主、从动链轮转速，r/min	重点讲解：结合带轮传动比的计算，讲解链轮传动比并举例	计算：计算链轮传动比
五、链轮的结构与材料 链轮齿形已经标准化 链轮的常用结构为实心式、孔板式、组合式和焊接式	讨论：结合带轮讨论不同链轮结构的应用有什么特点	讨论
六、链传动的使用与维护 1. 链传动的布置 （1）两链轮的回转平面应在同一垂直面内，否则易使链条脱落和产生非正常磨损 （2）两链轮中心连线最好是水平的或与水平面成 45° 以下的夹角，应避免垂直传动，以免下方链轮啮合不良或脱落 （3）如果链传动布置在铅垂面内，应尽可能使用托板或张紧轮张紧，并且设计紧凑的中心距	重点讲解：不同传动参数对应的链轮布置形式	

续表

<table>
<tr><th>教学设计</th><th>教师活动</th><th>学生活动</th></tr>
<tr><td>2. 链传动的张紧
张紧方法主要包括
（1）增大两轮中心距
（2）采用张紧装置
3. 链传动的常见故障分析及维护
链传动常见故障有疲劳开裂、磨损、胶合、跳齿等原因
<table>
<tr><th>故障</th><th>产生原因</th><th>维修措施</th></tr>
<tr><td>链板与链轮严重磨损</td><td>1. 各链轮不共面，链轮端面跳动严重
2. 链轮支承刚度差
3. 链条扭曲严重</td><td>1. 提高加工与安装精度
2. 提高支承件刚度
3. 更换合格的链条</td></tr>
<tr><td>链板疲劳开裂</td><td>润滑条件好的中低速链传动的主要失效形式是链板疲劳，主要原因是：链条规格选择不当，链条品质差，负载大</td><td>1. 选用规格合适的链条
2. 更换质量合格的链条
3. 控制或减弱冲击振动</td></tr>
<tr><td>销轴磨损或销轴与套筒胶合</td><td>1. 润滑不良
2. 链条质量差或选用不当</td><td>1. 改善润滑条件，更换润滑油，加防护罩
2. 更换质量合格或稍大规格的链条</td></tr>
<tr><td>链条跳齿或抖动</td><td>1. 链条磨损伸长
2. 冲击或脉动载荷较大
3. 链轮齿磨损严重</td><td>1. 更换链条或链轮
2. 适当张紧
3. 采取措施使负荷稳定</td></tr>
</table></td>
<td>讨论：结合链传动常见故障和产生原因想一想在实际应用过程中可以采用哪些措施减少链传动故障的产生

讨论：在布置链传动时，如果两链轮中心线与水平线夹角大于45°，应采取什么措施</td>
<td>讨论

讨论并总结</td></tr>
</table>

续表

教学设计		教师活动	学生活动
小结	链传动的传动形式比较好理解，在现实生活中也能找到应用，注意传动比的计算和应用维修		
课后作业	习题册		

§4–3　摩擦轮传动

教学要求

1. 了解摩擦轮传动的工作原理、特点及应用。
2. 能计算摩擦轮传动比

教学重点与难点

1. 教学重点

（1）摩擦轮传动的工作原理、特点及应用。

（2）摩擦轮传动比的计算。

2. 教学难点

摩擦轮传动的应用。

教学建议

摩擦轮传动的原理容易理解，但其应用场合与其他传动方式相比并不多见，建议在讲课过程中除对学生讲清楚教材上的知识外，还有必要讲清楚以下几点。

1. 摩擦轮传动对摩擦材料的要求一般是耐磨性好、摩擦因数大和接触疲劳强度高。

2. 在高速、高效率和要求尺寸紧凑的传动中，常采用两个摩擦轮均是淬火钢的结构，并且摩擦轮是浸在油中工作的，又称摩擦轮湿式摩擦传动。

3. 与摩擦轮湿式摩擦传动相对应的是摩擦轮干式摩擦传动，干式摩擦传动常采用两个摩擦轮是铸铁或一个摩擦轮是金属、另一个摩擦轮是非金属（木材、布质酚醛层压板、从动金属摩擦轮表面覆盖一层皮革、石棉基材料或橡胶）的结构。

典型教案

<table>
<tr><td>教师姓名</td><td></td><td>授课班级</td><td></td><td>授课日期</td><td></td></tr>
<tr><td>授课章节</td><td colspan="5">§ 4-3　摩擦轮传动</td></tr>
<tr><td rowspan="2">教学内容</td><td colspan="3" rowspan="2">1. 了解摩擦轮传动的工作原理、特点及应用
2. 能计算摩擦轮传动比</td><td>理论学时</td><td>2</td></tr>
<tr><td>实训学时</td><td>0</td></tr>
<tr><td>课程导入</td><td colspan="5">以典型的摩擦压力机为例，利用多媒体或课件等演示其工作过程，引出摩擦轮传动</td></tr>
<tr><td colspan="4">教学设计</td><td>教师活动</td><td>学生活动</td></tr>
<tr><td colspan="4">一、摩擦轮传动的工作原理
摩擦轮传动是利用两轮直接接触所产生的摩擦力来传递运动和动力的一种机械传动，有外接圆柱式和内接圆柱式两种
增大摩擦力的途径有两个：一个是增大正压力，另一个是增大摩擦因数
1. 增大正压力
可以在摩擦轮上安装弹簧或其他施力装置，但这样会增加作用在轴与轴承上的载荷，导致增大传动件的尺寸，使机构笨重
2. 增大摩擦因数
通常是将其中一个摩擦轮用钢或铸铁制造，在另一个摩擦轮的工作表面粘上一层石棉、皮革、橡胶布、塑料或纤维材料等
二、摩擦轮传动比
摩擦轮传动比就是两摩擦轮的转速之比，也等于它们直径的反比，即
$$i_{12}=\frac{n_1}{n_2}=\frac{d_1}{d_2}$$
式中　n_1——主动摩擦轮转速，r/min
n_2——从动摩擦轮转速，r/min
d_1——主动摩擦轮直径，mm
d_2——从动摩擦轮直径，mm
三、摩擦轮传动的特点
1. 结构简单，使用、维修方便，适合两轴中心距比较近的传动</td><td>讨论：结合视频或图片，让学生讨论一下摩擦轮传动的工作原理是什么
讲解：用摩擦力计算公式讲解为什么增大摩擦力的途径是增大正压力和增大摩擦因数

讨论：引导学生讨论实际应用中增大摩擦力和增大正压力的方法

重点讲解：结合带轮和链轮传动比计算，讲解摩擦轮传动比计算</td><td>讨论

讨论：根据教师讲解讨论在实际应用中增大摩擦力和增大正压力的方法哪个更好</td></tr>
</table>

续表

<table>
<tr><th colspan="2">教学设计</th><th>教师活动</th><th>学生活动</th></tr>
<tr><td colspan="2">2. 传动时噪声低，并可在运转中变速、变向
3. 过载时，两轮接触处会打滑，可以防止薄弱零件的损坏，起到安全保护作用
4. 因在接触处有产生打滑的可能，所以不能保证准确的传动比，传动效率较低</td><td>讨论：如果汽车上的配气机构采用摩擦轮传动会出现什么情况</td><td>讨论并总结</td></tr>
<tr><td>小结</td><td colspan="3">摩擦轮的传动原理比较简单，学生很容易理解，配合应用举例讲解可以加深学生的理解，同时在授课过程中应着重强调，工作时摩擦轮之间必须有足够的压紧力，以免因产生打滑现象而损坏摩擦轮，影响正常传动</td></tr>
<tr><td>课后作业</td><td colspan="3">习题册</td></tr>
</table>

§4-4　螺旋传动

教学要求

1. 了解螺旋传动的组成、特点及分类。
2. 掌握普通螺旋传动的运动形式和直线运动方式的判定。
3. 了解差动螺旋传动和滚珠螺旋传动。

教学重点与难点

1. 教学重点

（1）普通螺旋传动的应用形式。

（2）普通螺旋传动直线移动方向的判定和移动距离的计算。

（3）差动螺旋传动活动螺母移动距离的计算及方向的确定。

2. 教学难点

差动螺旋传动活动螺母移动距离的计算及方向的确定。

教学建议

1. 本节内容比较抽象，建议在实际讲课过程中用实物来演示螺旋传动的工作过程，并用视频讲解其工作过程。让学生在感性认识的基础上理解螺旋传动的工作过程，并掌握移动方向的判定方法。

2. 对于差动螺旋传动的计算，建议精讲多练，要强化概念，加强应用，强化定性分析，淡化定量推导，注重解题思路的传授，使学生通过课堂练习掌握计算方法，并能做到举一反三。

3. 目前，在数控机床、汽车中多采用滚珠螺旋传动。教学时建议详细讲述滚珠螺旋传动的特点及其与普通螺旋传动的区别，使学生更加充分地了解滚珠螺旋传动。

典型教案

<table>
<tr><td>教师姓名</td><td></td><td>授课班级</td><td></td><td>授课日期</td><td></td></tr>
<tr><td>授课章节</td><td colspan="5">§4–4　螺旋传动</td></tr>
<tr><td rowspan="2">教学内容</td><td colspan="3" rowspan="2">1. 螺旋传动的组成
2. 普通螺旋传动
3. 差动螺旋传动</td><td>理论学时</td><td>2</td></tr>
<tr><td>实训学时</td><td>0</td></tr>
<tr><td>课程导入</td><td colspan="5">以汽车维修设备、起重机、台虎钳、千分尺为例，通过演示实物或课件引出螺旋传动，激发学生对螺旋传动的学习兴趣</td></tr>
<tr><td colspan="4">教学设计</td><td>教师活动</td><td>学生活动</td></tr>
<tr><td colspan="4">一、螺旋传动的组成
螺旋传动由螺杆、螺母和机架组成，其主要作用是将旋转运动转换为直线运动，并同时传递运动和动力，可分为普通螺旋传动、差动螺旋传动和滚珠螺旋传动
二、普通螺旋传动
1. 普通螺旋传动的运动形式
普通螺旋传动常用螺纹有矩形螺纹、梯形螺纹和锯齿形螺纹，其中梯形螺纹齿根强度较高，磨损后易修复，应用较广
普通螺旋传动的主要形式
（1）螺母固定不动，螺杆回转并做直线运动
（2）螺杆固定不动，螺母回转并做直线运动</td><td>讲解：结合视频、图片或PPT讲解螺旋传动的组成

详细讲解：结合视频、图片、PPT详细讲解普通螺旋传动的主要形式</td><td></td></tr>
</table>

续表

教学设计	教师活动	学生活动
（3）螺杆回转，螺母做直线运动 （4）螺母回转，螺杆做直线运动 2. 直线运动方向的判定 普通螺旋传动时，从动件做直线运动的方向不仅与螺纹的回转方向有关，还与螺纹的旋向有关 判定方法 （1）右螺旋用右手，左螺旋用左手，手握空拳，四指指向与螺杆（或螺母）回转方向相同，拇指竖直 （2）若螺杆（或螺母）回转移动，螺母（或螺杆）不动，则拇指指向即为螺杆（或螺母）的移动方向 （3）若螺杆（或螺母）回转不动，螺母（或螺杆）移动，则拇指指向的相反方向即为螺母（或螺杆）的移动方向 3．直线运动距离 在普通螺旋传动中，螺杆（或螺母）的移动距离与螺纹的导程有关 普通螺旋传动移动距离为 $$L = NP$$ 式中　L——螺杆（或螺母）的移动距离，mm N——回转圈数 P——螺纹导程，mm 三、差动螺旋传动 由两个螺旋副组成的、使活动的螺母与螺杆产生差动（不一致）的螺旋传动称为差动螺旋传动 在判定差动螺旋传动中活动螺母的移动方向时，应先确定螺杆的移动方向。在差动螺旋传动中活动螺母的移动距离和方向可用下列公式表示 $$L = N(P_1 \pm P_2)$$ 式中　L——活动螺母的实际移动距离，mm N——螺杆的回转圈数 P_1——机架上固定螺母的导程，mm P_2——活动螺母的导程，mm	详细讲解：结合直线运动距离公式讲解差动螺旋传动，并结合实例巩固学生的计算能力	

续表

教学设计		教师活动	学生活动
说明 1. 当两螺纹旋向相同时用“+”号；当两螺纹旋向相反时用“–”号 2. 计算结果为正值时，活动螺母的实际运动方向与螺杆移动方向相同；计算结果为负值时，活动螺母的实际运动方向与螺杆移动方向相反 四、滚珠螺旋传动 滚珠螺旋传动具有滚动摩擦阻力小、摩擦损失小、传动效率高、传动稳定、动作灵敏等优点		讨论：差动螺旋是如何实现微动的	讨论并总结
小结	目前滚珠丝杠在汽车转向机中的应用越来越普遍，在实际教学时，建议多举些生产、生活中滚珠螺旋传动的实例，使学生能够更充分地了解滚珠螺旋传动的特点		
课后作业	习题册		

§4–5　齿 轮 传 动

教学要求

1. 了解齿轮传动的特点、类型和传动比。
2. 了解渐开线直齿圆柱齿轮各部分的名称和基本参数。
3. 能计算渐开线直齿圆柱齿轮的基本尺寸。
4. 掌握渐开线直齿圆柱齿轮的正确啮合条件。
5. 了解齿轮传动的润滑及失效形式。
6. 了解齿轮的材料和结构形式。
7. 了解其他齿轮传动。

教学重点与难点

1. 教学重点

（1）齿轮传动比。

（2）渐开线直齿圆柱齿轮。
（3）直齿轮的基本尺寸计算。
（4）直齿轮传动的啮合条件。
（5）齿轮的润滑及失效形式。

2. 教学难点

渐开线直齿圆柱齿轮的正确啮合条件。

教学建议

1. 齿轮传动是机器中最常见的一种机械传动，是传递动力和运动的一种主要形式，因此本节在教材中占有较重分量。在教材的处理和讲授方面要注意把握重点、难点和关键点。本节概念较多，原理性强，计算公式多，涉及面广，应多采用直观教学法和精讲多练教学法，由浅入深，详略得当，可先讲后练、边讲边练、先练后讲并举，要注意通过课堂练习让学生巩固所学知识。

2. 教学中应充分利用视频、多媒体课件、动画和各种类型齿轮机构的模型或挂图，以及到实习车间观察机器是怎样实现传动和变速要求的，让学生在看的过程中了解齿轮传动是许多机械设备中不可缺少的传动部件，也是机器中所占比重最大的传动形式。

3. 齿轮传动的传动比与带传动的传动比在概念和计算方面有什么异同？通过一些问题的设置，要求学生带着问题去学，努力培养学生的自学能力，以提高教学效率。

典型教案

<table>
<tr><td>教师姓名</td><td></td><td>授课班级</td><td></td><td>授课日期</td><td></td></tr>
<tr><td>授课章节</td><td colspan="5">§ 4–5　齿轮传动</td></tr>
<tr><td rowspan="2">教学内容</td><td colspan="3" rowspan="2">1. 齿轮传动的特点、类型和传动比
2. 渐开线直齿圆柱齿轮
3. 齿轮传动的失效形式
4. 齿轮材料
5. 齿轮的结构形式
6. 齿轮传动的润滑
7. 其他齿轮传动</td><td>理论学时</td><td>3</td></tr>
<tr><td>实训学时</td><td>0</td></tr>
<tr><td>课程导入</td><td colspan="5">建议通过日常最熟悉的汽车、机床、机械式手表等实例进行设问和课堂讨论，例如，汽车驾驶员是操纵何种传动机构实现汽车前进、倒退和停车的？机械式手表是怎样传动的？通过这些具体的问题很容易让学生参与到讨论中来，形成师生互动，从而引导学生进入学习状态，产生学习新知识的兴趣</td></tr>
</table>

续表

<table>
<tr><th>教学设计</th><th>教师活动</th><th>学生活动</th></tr>
<tr><td>一、齿轮传动的特点、类型和传动比
1. 齿轮传动的特点
（1）适应性广（传递功率从 0.1 W 到 10 kW、圆周速度达到 300 m/s 以上、直径达到 25 m）
（2）传动比恒定（齿轮传动能保证两轮瞬时传动比恒等于常数）
（3）效率较高（传动效率在 95% 以上）
（4）工作可靠，使用寿命较长
（5）可以传递空间任意两轴间的运动
（6）制造和安装精度要求高，成本高
（7）不适用于距离较大的两轴间的运动传递等
2. 齿轮传动的类型</td><td>讲解：建议结合教具、视频等讲解齿轮的特点，特别是注意通过与带传动、链传动、螺旋传动的对比，讲解齿轮传动的特点</td><td></td></tr>
<tr><td><table>
<tr><td rowspan="6">两轴平行</td><td rowspan="3">按轮齿方向</td><td>直齿圆柱齿轮传动</td></tr>
<tr><td>斜齿圆柱齿轮传动</td></tr>
<tr><td>人字齿圆柱齿轮传动</td></tr>
<tr><td rowspan="3">按啮合情况</td><td>外啮合齿轮传动</td></tr>
<tr><td>内啮合齿轮传动</td></tr>
<tr><td>齿轮齿条传动</td></tr>
<tr><td rowspan="4">两轴不平行</td><td rowspan="2">相交轴齿轮传动</td><td>直齿锥齿轮传动</td></tr>
<tr><td>曲齿锥齿轮传动</td></tr>
<tr><td rowspan="2">交错轴齿轮传动</td><td>交错轴斜齿轮传动</td></tr>
<tr><td>蜗轮蜗杆传动</td></tr>
</table></td><td>讲解：结合视频、图片或 PPT 讲解齿轮传动的类型，在讲解过程中注意详细介绍不同类型齿轮传动的应用</td><td>扫描教材提供的二维码，观察齿轮传动的类型、应用和特点</td></tr>
<tr><td>3. 齿轮传动比
$$i_{12}=\frac{n_1}{n_2}=\frac{z_2}{z_1}$$
式中 n_1、n_2——主、从动齿轮转速，r/min
z_1、z_2——主、从动齿轮齿数
二、渐开线直齿圆柱齿轮
1. 渐开线的形成</td><td>讲解：通过与带传动、链传动、摩擦轮传动的对比，介绍齿轮传动的传动比</td><td></td></tr>
</table>

续表

教学设计	教师活动	学生活动
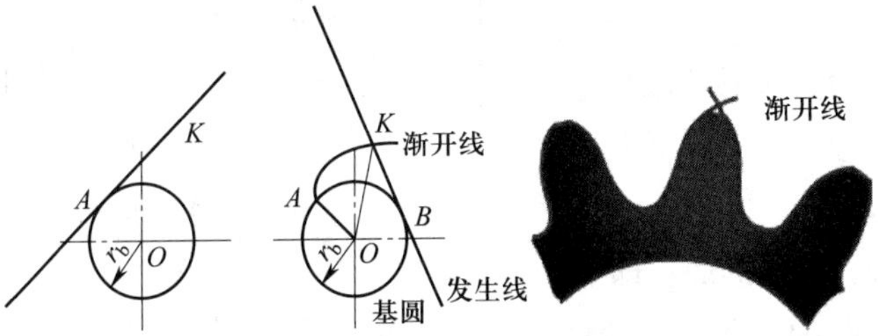 2. 渐开线直齿圆柱齿轮各部分名称 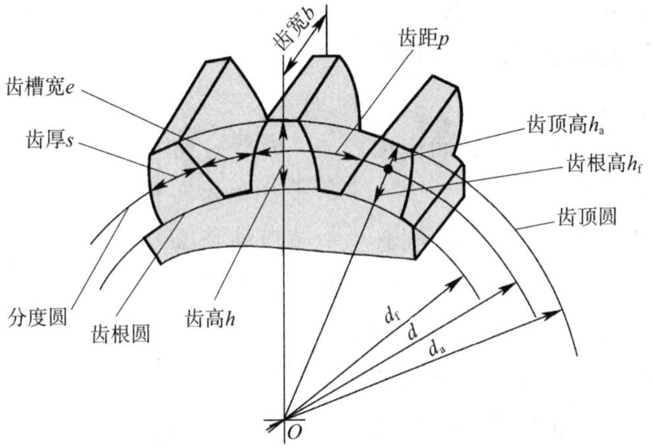 直齿圆柱齿轮的一般结构包括端平面、齿顶圆、齿根圆、分度圆、齿距、齿厚、齿槽宽、齿顶高、齿根高、齿全高、齿宽 3. 渐开线直齿圆柱齿轮基本参数 （1）压力角 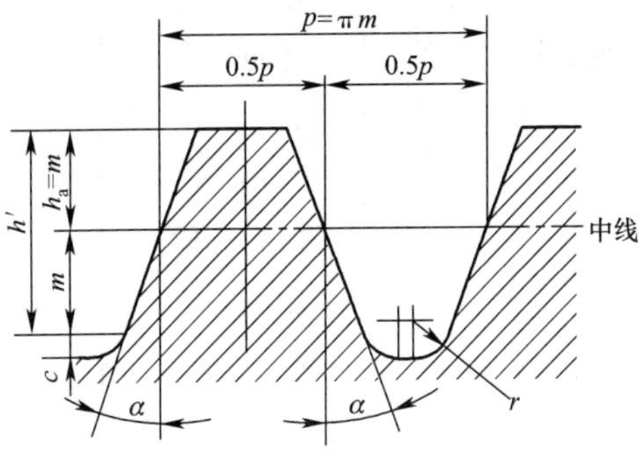 α （2）齿轮的齿数 z 在齿轮整个圆周上，均匀分布的轮齿总数称为齿轮的齿数，用 z 表示	讲解：结合视频、图片或 PPT 讲解渐开线齿廓的构成 讲解：结合图片和教具介绍齿轮的构成 建议：建议详细讲解压力角、模数、齿数、齿顶圆直径、齿根圆直径、基圆直径、齿顶高、齿根高、齿全高、中心距等参数的含义和计算方法	扫描教材提供的二维码，理解和掌握渐开线齿廓的构成

续表

教学设计	教师活动	学生活动
（3）模数 m 设分度圆上的齿距为 p，齿轮的齿数为 z，则分度圆的周长为 $\pi d = zp$，因此，分度圆的直径为 $d = zp/\pi$ 模数 m 是齿距除以圆周率 π 所得的商，即 $m = p/\pi$　$d = mz$　m 的单位是 mm 4. 内啮合直齿圆柱齿轮 与外啮合齿轮比较，内啮合齿轮有以下特点 （1）齿厚相当于外啮合齿轮的齿槽宽，而齿槽宽相当于外啮合齿轮的齿厚 （2）内啮合齿轮的齿顶圆在分度圆之内，而齿根圆在分度圆之外，其齿根圆比齿顶圆大 （3）齿轮的齿顶齿廓均为渐开线时，其齿顶圆必须大于基圆 5. 渐开线直齿圆柱齿轮的正确啮合条件 一对渐开线齿轮要正确啮合，必须满足一定的条件。由于模数 m 和压力角 α 都是标准化的，因此两齿轮正确啮合条件如下 （1）两齿轮分度圆上的压力角相等，$\alpha_1=\alpha_2=\alpha$ （2）两齿轮的模数相等，$m_1=m_2=m$ 6. 齿轮齿条传动 齿条可以看成一个齿数无穷多、基圆无穷大的齿轮的一部分。齿条上的分度圆变为直线，称为基准线（中线）。齿顶圆、齿根圆都变为与基准线平行的直线，分别称为齿顶线、齿根线 齿条的特点如下 （1）齿条齿廓上各点的压力角相等，即 $\alpha=20°$ （2）轮齿不同高度上的齿距均相等，$p=\pi m$ 三、齿轮传动失效的形式 1. 轮齿折断 2. 齿面点蚀 3. 齿面磨损 4. 齿面胶合	举例并计算 讲解：结合图片和教具介绍内啮合直齿圆柱齿轮的特点 讲解：结合图片和教具介绍齿轮齿条传动的特点 讲解：结合视频、图片、教具或 PPT 讲解齿轮失效的形式，特别注意讲解不同失效形式产生的原因	跟随教师的讲解进行计算，并记住计算公式

续表

教学设计	教师活动	学生活动
5. 塑性变形 四、齿轮材料 1. 锻钢 强度高、韧性好、便于机械加工和热处理 （1）软齿面齿轮 常用中碳钢和中碳合金钢，如 45 钢、40Cr、35SiMn 等材料，进行调质或正火 （2）硬齿面齿轮 常用的材料为中碳钢或中碳合金钢，经表面淬火 2. 铸钢 当齿轮尺寸大于 600 mm 不便于锻造时，可用铸造方法制成铸钢齿坯，再进行正火以细化晶粒 3. 铸铁 低速、轻载场合 五、齿轮的结构形式 1. 齿轮轴 2. 实体式齿轮 3. 腹板式齿轮 4. 轮辐式齿轮	讲解：结合图片、教具讲解齿轮的结构形式，特别注意分析不同结构齿轮的特点	
六、齿轮传动的润滑 润滑的作用包括减小摩擦、减轻磨损、冷却、防锈、降低噪声、改善齿轮工作状况、延缓齿轮失效、延长齿轮的使用寿命 闭式齿轮传动的润滑方式 1. 浸油润滑 2. 喷油润滑	讲解：结合图片、教具讲解齿轮的润滑，特别注意分析不同润滑方式的特点	
七、其他齿轮传动 1. 斜齿圆柱齿轮传动 （1）斜齿圆柱齿轮的形成 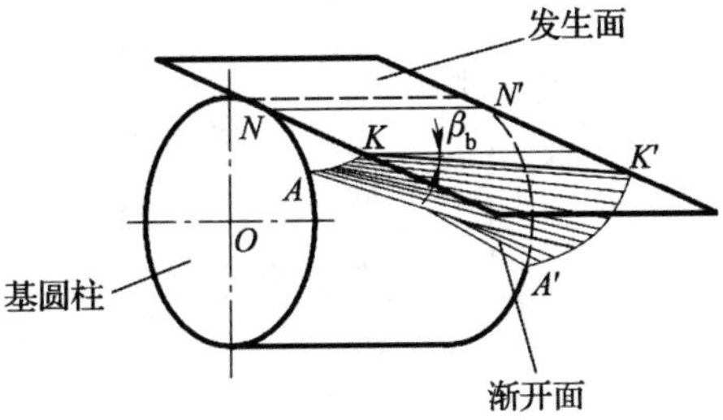 	讲解：扫描教材二维码，讲解斜齿圆柱齿轮的传动	扫描二维码观看视频

续表

教学设计	教师活动	学生活动
（2）斜齿圆柱齿轮的传动特点 1）传动中齿廓接触线是斜直线，轮齿是逐渐进入和脱离啮合的，故工作平稳，冲击和噪声小，适用于高速传动 2）承载能力大，可用于大功率传动 3）使用寿命长 4）传动时会产生轴向分力，不能用作滑移齿轮	讲解：斜齿圆柱齿轮的特点	
（3）斜齿圆柱齿轮的基本参数 1）螺旋角。斜齿圆柱齿轮的螺旋角是指分度圆上的螺旋角，用 β 表示 2）模数。斜齿圆柱齿轮的模数分为端面模数 m_t 和法向模数 m_n，两者关系为 $m_n= m_t\cos\beta$。法向模数 m_n 是标准值，即 $m_n = m$ 3）压力角。斜齿圆柱齿轮的压力角分为端面压力角 α_t 和法向压力角 α_n，并规定法向压力角 α_n 为标准值，即 $\alpha_n= \alpha =20°$	讲解：分析斜齿圆柱齿轮的基本参数	
（4）斜齿圆柱齿轮的旋向 分类：左旋和右旋 判断方法：右手手心向着自己，四个手指顺齿轮轴线方向摆正，若齿向与右手拇指指向一致，则该齿轮为右旋齿轮，反之为左旋齿轮	讲解：结合视频、图片或 PPT 讲解斜齿圆柱齿轮的旋向	根据教师画出的图例了解斜齿圆柱齿轮的旋向
（5）斜齿圆柱齿轮的正确啮合条件 1）两齿轮法向模数相等，即 $m_{n1} = m_{n2}=m$ 2）两齿轮法向压力角相等，即 $\alpha_{n1}=\alpha_{n2} =\alpha$ 3）两齿轮螺旋角相等，旋向相反，即 $\beta_1=-\beta_2$	讲解：结合直齿圆柱齿轮分析斜齿圆柱齿轮的啮合条件	
2. 直齿锥齿轮传动 （1）直齿锥齿轮传动的特点 锥齿轮传动用于相交轴之间运动与动力的传递。两轴间的轴交角可根据传动的需要来确定。一般机械中多采用轴交角 $\Sigma=90°$ 的传动	讨论：结合直齿圆柱齿轮讨论直齿锥齿轮的特点有哪些？正确的啮合条件有哪些	讨论

续表

教学设计		教师活动	学生活动
（2）直齿锥齿轮的正确啮合条件 1）两齿轮的大端端面模数相等，即 $m_1=m_2$ 2）两齿轮的压力角相等，即 $\alpha_1=\alpha_2$		讨论：汽车上哪些机构用到了锥齿轮	讨论并总结
小结	本节课的内容较多，对于齿轮传动的特点、类型等比较简单易学的教学内容，可以让学生自学。对于齿轮的基本参数、齿轮传动的正确啮合条件等内容要适当增加学生的学习时间，使他们真正理解和掌握。对于渐开线齿廓、分度圆、压力角、模数等概念，阐述应简洁明了，并注意这些概念与已学带传动、链传动之间的相互联系和对比		
课后作业	习题册		

补充材料

齿轮的加工方法

齿轮的加工方法很多，常用的方法是仿形法和展成法两类。

1. 仿形法

仿形法是在普通铣床上用轴向剖面形状与被切齿轮齿槽形状完全相同的铣刀切制齿轮的方法。铣完一个齿槽后，分度头将齿坯转过（360/z）°，再铣下一个齿槽，直到铣出所有的齿槽。仿形法生产效率低，累积误差大，一般用于单件修配，如下图所示。

盘形齿轮铣刀铣削齿轮　　指状齿轮铣刀铣削齿轮

2. 展成法

展成法也叫范成法，是利用齿轮的啮合原理进行齿轮加工的方法。常用的加工方法有滚齿、插齿。展成法加工精度和生产效率较高，多用于批量生产，如下图所示。

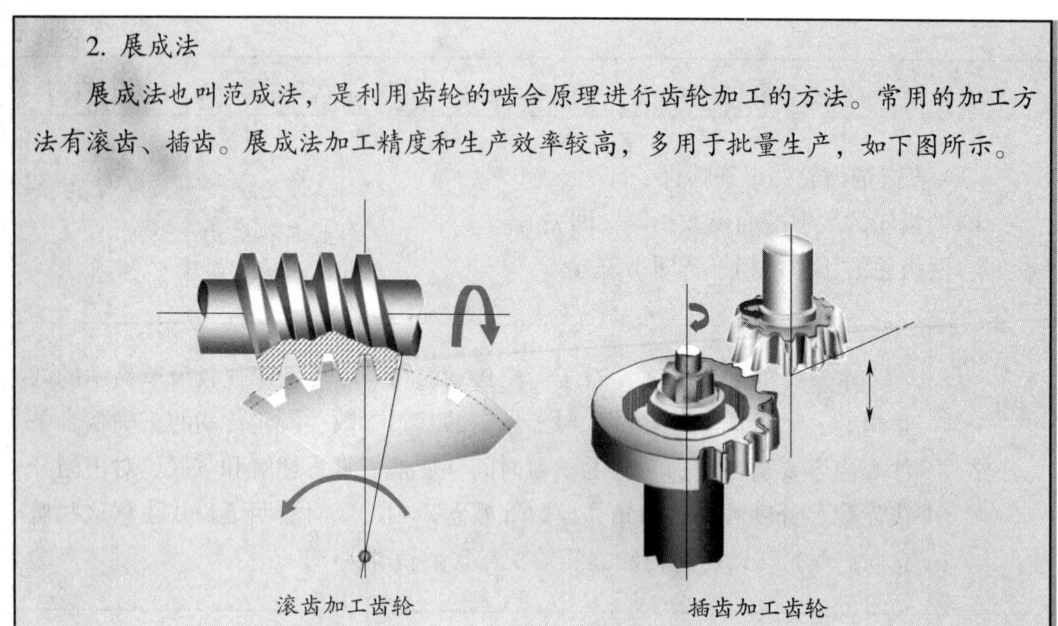

滚齿加工齿轮　　插齿加工齿轮

§4-6 蜗杆传动

教学要求

1. 掌握蜗杆传动的组成。
2. 了解蜗杆传动的特点和类型。
3. 掌握蜗轮传动的基本参数。
4. 了解蜗杆传动的正确啮合条件。
5. 能够判定蜗杆传动的旋转方向。

教学重点与难点

1. 教学重点

（1）蜗杆传动的特点和类型。

（2）蜗杆传动的基本参数和几何计算。

（3）蜗杆传动的正确啮合条件。

（4）蜗杆传动的旋转方向。

2. 教学难点

（1）蜗杆分度圆直径和蜗杆直径系数。

（2）蜗轮回转方向的判定。

教学建议

1. 本节的教学应尽可能结合实物、模型和多媒体进行展开，讲解过程中尽量联系生产、生活中的实例进行阐述。如果条件允许，尽量组织学生进行现场教学。

2. 在教学内容上建议注重由浅入深，由简单到复杂，对重点、难点问题可采用递进的教学方式。

3. 在教学中可以将蜗杆传动与齿轮传动进行比较，从传动特点、主要参数等方面入手，让学生学习和掌握蜗杆传动。同时也能通过比较，使学生较好地掌握齿轮传动和蜗杆传动的共性和不同。

典型教案

<table>
<tr><td>教师姓名</td><td></td><td>授课班级</td><td></td><td>授课日期</td><td></td></tr>
<tr><td>授课章节</td><td colspan="5">§ 4–6　蜗杆传动</td></tr>
<tr><td rowspan="2">教学内容</td><td rowspan="2" colspan="2">1. 蜗杆传动的组成
2. 蜗杆传动的特点
3. 蜗杆传动的类型
4. 蜗杆传动的基本参数
5. 蜗杆传动的正确啮合条件
6. 蜗杆传动旋转方向的判定</td><td>理论学时</td><td colspan="2">2</td></tr>
<tr><td>实训学时</td><td colspan="2">0</td></tr>
<tr><td>课程导入</td><td colspan="5">蜗杆传动是机械传动中的一种重要形式，其涉及的知识与齿轮传动有共同点，又有不同之处。教学中可以通过与齿轮传动比较引入蜗杆传动，也可以通过实例进行引入，例如，蜗杆传动在起重运输机械、汽车、机床、冶金机械及其他机器或设备中均有应用</td></tr>
<tr><td colspan="3">教学设计</td><td>教师活动</td><td colspan="2">学生活动</td></tr>
<tr><td colspan="3">一、蜗杆传动的组成
蜗杆传动是由蜗杆和蜗轮组成的啮合传动装置。蜗杆传动用于传递空间两交错轴之间的运动和动力，通常两轴垂直交错，轴交角 $\Sigma=90°$。通常情况下，蜗杆是主动件，蜗轮是从动件</td><td></td><td colspan="2"></td></tr>
</table>

续表

<table>
<tr><th>教学设计</th><th>教师活动</th><th>学生活动</th></tr>
<tr><td>二、蜗杆传动的特点
1. 传动比大，在动力传动中一般 i 为 8 ～ 100，在分度机构中传动比可达 1 000
2. 传动平稳，噪声低
3. 具有自锁性
4. 传动效率低
三、蜗杆传动的类型
按蜗杆形状分类：
圆柱面蜗杆传动（阿基米德蜗杆传动；法向延伸渐开线蜗杆传动；渐开线蜗杆传动）
圆弧面蜗杆传动
锥面蜗杆传动
其中，阿基米德蜗杆使用最为广泛
四、蜗杆传动的基本参数
1. 模数 m 和压力角 α
蜗杆的模数是指轴向模数（角标用 a1），蜗轮的模数是指端面模数（角标用 t2），蜗杆的轴向模数与蜗轮的端面模数应相等，同时蜗杆的轴向压力角与蜗轮端面压力角相等，并为标准值，即
$$m_{a1}=m_{t2}=m \quad \alpha_{a1}=\alpha_{t2}=\alpha=20^\circ$$
2. 蜗杆直径系数 q
蜗杆直径系数 q 是蜗杆分度圆直径 d_1 除以轴向模数 m 的商，即是
$$q=\frac{d_1}{m}$$
3. 蜗杆的导程角 γ
导程角 γ 越大，传动的效率越高。常用 γ 的范围为 3° ～ 33.5°</td><td>讲解：建议结合教具、视频等讲解蜗杆的组成和特点，特别需要详细讲解螺旋线数和旋向，同时注意与其他传动方式进行对比
讲解：如果条件允许，除使用教具、视频等手段外，如果有条件，建议使用实物进行讲解
讲解：在讲解蜗杆传动的基本参数时，既要注意与其他传动方式的对比，又要注意讲清楚这些参数的具体意义</td><td></td></tr>
</table>

续表

<table>
<tr><th colspan="2">教学设计</th><th>教师活动</th><th>学生活动</th></tr>
<tr><td colspan="2">4. 蜗杆的头数 z_1
蜗杆头数 z_1 通常为 1、2、4、6，蜗杆头数越多，加工难度越大，传动效率越高
5. 蜗杆的传动比 i
蜗杆传动的传动比由下式确定
$$i=\frac{\omega_1}{\omega_2}=\frac{n_1}{n_2}=\frac{z_1}{z_2}$$
式中　ω_1、n_1——主动蜗杆的角速度、转速
ω_2、n_2——从动蜗轮的角速度、转速
z_1——主动蜗杆的头数
z_2——从动蜗轮的齿数
五、蜗杆传动的正确啮合条件
1. 在中间平面内，蜗杆的轴向模数和蜗轮的端面模数相等，即 $m_{a1}=m_{t2}=m$
2. 在中间平面内，蜗杆的轴向压力角和蜗轮的端面压力角相等，即 $\alpha_{a1}=\alpha_{t2}=\alpha=20°$
3. 蜗杆分度圆柱面导程角和蜗轮分度圆柱面螺旋角相等，且旋向一致，即 $\beta_2=\gamma$
六、蜗杆传动旋转方向的判定
判断方法：左（右）手定则来判定</td><td>讲解：通过与其他传动的对比，介绍蜗杆传动的传动比，建议通过实例进行练习

讲解：通过与齿轮传动的对比，介绍蜗杆传动的正确啮合条件

讲解：通过实例练习蜗杆传动方向的判定

讨论：蜗杆传动有什么特点</td><td>跟随教师练习，掌握方法

练习判断蜗杆传动的旋转方向

讨论并总结</td></tr>
<tr><td>小结</td><td colspan="3">蜗轮蜗杆旋向的判定需要熟练掌握，可让学生利用图例多加练习</td></tr>
<tr><td>课后作业</td><td colspan="3">习题册</td></tr>
</table>

§4-7 轮　　系

教学要求

1. 了解轮系的分类和应用。

2. 能够计算简单轮系的传动比。

教学重点与难点

1. 教学重点

（1）轮系的应用、特点与分类。

（2）计算轮系的传动比。

2. 教学难点

（1）轮系中主动轮、从动轮的确定。

（2）定轴轮系中各轮转向的判断。

（3）轮系传动比的计算。

教学建议

1. 轮系内容涉及面广，教学中应注重理论联系实际，如果条件允许，建议让学生到车间观察了解真实的汽车变速器轮系，使学生对轮系的作用有一定的认识。同时，在教学过程中充分利用挂图、教具、实物和多媒体课件等，以丰富的教学手段、多样的教学载体，让学生真正了解轮系的结构和作用，提高他们的学习效率。

2. 轮系中各轮转向的判断和定轴轮系传动比计算既是本节的重点，又是本节的难点，要牢牢抓住“传动路线”这一主线，使学生学会传动路线的分析，教学中可结合实例进行讲解，增强“学以致用”的效果。

典型教案

<table>
<tr><td>教师姓名</td><td></td><td>授课班级</td><td></td><td>授课日期</td><td></td></tr>
<tr><td>授课章节</td><td colspan="5">§ 4-7 轮系</td></tr>
<tr><td rowspan="2">教学内容</td><td rowspan="2" colspan="3">1. 轮系的分类
2. 轮系的功用
3. 定轴轮系
4. 周转轮系</td><td>理论学时</td><td>2</td></tr>
<tr><td>实训学时</td><td>0</td></tr>
<tr><td>课程导入</td><td colspan="5">对于轮系的讲解，可以利用太阳与地球之间的运行关系导入，同时也可以让学生观察汽车变速器或机械钟，激发学生的学习兴趣</td></tr>
<tr><td colspan="4">教学设计</td><td>教师活动</td><td>学生活动</td></tr>
<tr><td colspan="4">一、轮系的分类
1. 定轴轮系
当轮系转动时，所有齿轮几何轴线的位置相对于机架固定不变，又称普通轮系
2. 周转轮系
轮系运转时，至少有一个齿轮的几何轴线相对于机架的位置是不固定的，而是绕另一个齿轮的几何轴线转动。一般分为差动轮系和行星轮系两种
3. 混合轮系
在轮系中，既有定轴轮系又有周转轮系
二、轮系的功用
1. 实现两轴间远距离的运动和动力的传动
2. 实现变速传动
3. 实现换向传动
4. 实现差速作用（运动的分解）
三、定轴轮系
轮系的传动比是指轮系中首末两轮的转速之比。轮系传动比的计算包括传动比大小的计算和确定从动轮的转动方向
1. 一对齿轮啮合传动比的大小及方向
平行轴外啮合齿轮传动：两轴转向相反，传动比为负值
平行轴内啮合齿轮传动：两轴转向相同，传动比为正值</td><td>讲解不同轮系的特点

讨论：引导学生思考轮系的特点

讲解：传动比的计算参考齿轮传动比计算，注意着重讲解传动方向，并掌握怎样将传动方向标注在图上。同时举例，利用实例让学生判断</td><td>观察图例，分析不同轮系的特点

讨论

做例题，计算传动比并判断旋转方向</td></tr>
</table>

续表

教学设计	教师活动	学生活动
锥齿轮传动：不能用正负号表示，齿轮的转向只能标注在图上 蜗杆传动：不能用正负号表示，转向只能标注在图上 2. 定轴轮系传动比 $$i=(-1)^m\frac{\text{所有从动轮齿的连乘积}}{\text{所有主动轮齿数的连乘积}}$$ 式中　m——外啮合圆柱齿轮的对数 说明 （1）$(-1)^m$ 在计算中表示首末两轮回转方向的异同，计算结果为正，两轮回转方向相同；计算结果为负，两轮回转方向相反 （2）当轮系中有锥齿轮传动、蜗杆传动时，不能用 $(-1)^m$ 来确定末轮的回转方向，而只能使用标箭头的方法 四、周转轮系 1. 周转轮系的组成 周转轮系与定轴轮系的区别在于轮系中各齿轮的几何轴线至少有一个不是固定的 周转轮系分为行星轮系和差动轮系两大类 周转轮系是由中心轮、行星轮和行星架组成的 2. 周转轮系传动比 $$i_{AB}^{H}=\frac{n_A^H}{n_B^H}=\frac{n_A-n_H}{n_B-n_H}$$ $$=(-1)^m\frac{\text{从齿轮 A 至 B 间所有从动轮齿数的连乘积}}{\text{从齿轮 A 至 B 间所有主动轮齿数的连乘积}}$$ 式中　m——齿轮 A 和 B 之间外啮合圆柱齿轮对数	讲解：轮系传动比的计算较一对齿轮传动比的计算复杂得多，不论是方向判断还是传动比计算，建议理论联系实际，多用实例进行讲解 讨论：为什么汽车中常用周转轮系	讨论并总结

小结	轮系传动比的计算和齿轮旋转方向的确定是本节课的重点和难点，需要让学生多次练习，熟练掌握，画出传动简图可以很好地帮助学生理解
课后作业	习题册

补充材料

轮系在汽车中的应用

在汽车工业中，轮系是汽车各机构中的重要组成部分，其中普遍应用轮系结构的机构包括变速器、主减速器、差速器（轮差速器、中央差速器）。

1. 变速器

如下图所示，变速器是一套用于协调发动机转速和车轮实际行驶速度的变速装置，用于发挥发动机的最佳性能。变速器可以在汽车行驶过程中，在发动机和车轮之间产生不同的变速比。通过换挡可以使发动机工作在最佳的动力性能状态。

变速器

2. 主减速器

如下图所示，主减速器是在传动系中起降低转速、增大转矩作用的主要部件，当发动机纵置时还具有改变转矩旋转方向的作用。它是依靠齿数少的齿轮带动齿数多的齿轮来实现减速的，采用锥齿轮传动则可以改变转矩旋转方向。将主减速器布置在动力向驱动轮分流之前的位置，有利于减小其前面的传动部件（如离合器、变速器、传动轴等）所传递的转矩，从而减小这些部件的尺寸和质量。在很多车型上，主减速器和差速器被制作成一体。

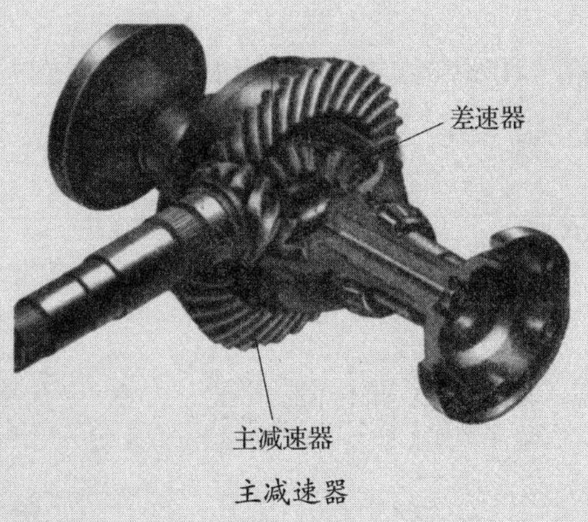

主减速器

3. 差速器

如下图所示，差速器是能够使左、右（或前、后）驱动轮以不同转速转动的机构。主要由半轴齿轮、行星齿轮及齿轮架组成。其功用是当汽车转弯行驶或在不平路面上行驶时，使左、右车轮以不同转速滚动，即保证两侧驱动车轮做纯滚动。差速器是为了调整左、右轮的转速差而设置的。在四轮驱动时，为了驱动四个车轮，必须将所有的车轮连接起来，如果将四个车轮机械地连接在一起，汽车在曲线行驶时就不能以相同的速度旋转，为了能让汽车曲线行驶旋转速度基本一致，这时就需要加入中间差速器来调整前、后轮的转速差。

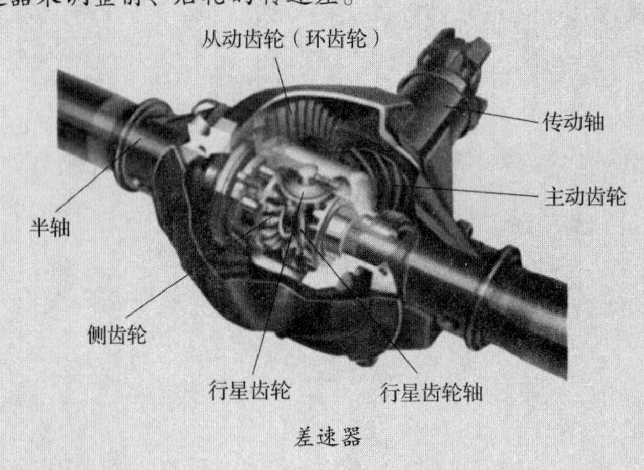

差速器

实操训练1

教学要求

1. 能正确安装、张紧、调试和维护 V 带传动。
2. 了解台式钻床的结构，并能正确使用台式钻床。

教学重点与难点

1. 教学重点

正确安装、张紧、调试和维护 V 带传动。

2. 教学难点

台式钻床 V 带的安装和张紧。

教学建议

安排本实训的目的是通过对台式钻床转速的调节，增强学生对 V 带传动及其调速方法、张紧、调试的感性认识，并通过实践活动巩固前面所学的知识，锻炼学生的动手能力。教材中给出的任务实施步骤比较清晰，教学中可直接安排学生分组讨论，并要求其按所给步骤进行操作，教师组织和引导好实训的节奏，并做好巡回指导和学生的安全保障工作。

典型教案

<table>
<tr><td>教师姓名</td><td colspan="2"></td><td>授课班级</td><td></td><td>授课日期</td><td></td></tr>
<tr><td>授课章节</td><td colspan="6">实操训练 1</td></tr>
<tr><td rowspan="2">教学内容</td><td colspan="4" rowspan="2">台式钻床速度和张紧力的调节</td><td>理论学时</td><td>0</td></tr>
<tr><td>实训学时</td><td>4</td></tr>
<tr><td>课程导入</td><td colspan="6">通过视频或实物展示台式钻床的应用和结构，导入钻床的运动是由 V 带进行传递的，进而介绍台式钻床的速度调节和张紧力的调整方法</td></tr>
<tr><td colspan="5">教学设计</td><td>教师活动</td><td>学生活动</td></tr>
<tr><td>明确任务</td><td colspan="4">1. 明确学习任务：台式钻床速度和张紧力的调节
2. 温习安全教育，学习安全生产要求
3. 温习车间的“6S”管理要求
4. 温习 V 带的特点</td><td>下发任务并带领学生学习安全生产、“6S”管理和 V 带特点</td><td>明确任务，温习安全生产、“6S”管理和 V 带特点</td></tr>
<tr><td>收集信息</td><td colspan="4">1. 了解台式钻床的结构、原理
2. 通过在网络查找及咨询车间师傅，调节台式钻床速度和张紧力需要哪些工具，并向车间主管教师借用
3. 掌握台式钻床速度和张紧力调节的安全注意事项</td><td>组织学生查阅资料</td><td>借用拆装工具和查阅资料</td></tr>
<tr><td>计划决策</td><td colspan="4">1. 依据教材讲解并演示台式钻床速度的调节
2. 依据教材讲解并演示台式钻床 V 带的张紧</td><td>1. 讲解并演示
2. 组织学生观看</td><td>领会讲解意图</td></tr>
</table>

续表

教学设计		教师活动	学生活动
实施计划	1. 依据教师演示和讲解分组练习台式钻床速度的调节 2. 依据教师演示和讲解分组练习台式钻床V带的张紧	巡视指导，必要时进行示范讲解	自主练习，遇到问题组内、组间或向教师寻求帮助
检查控制	安全防护检查、课堂纪律检查、操作规范检查、任务完成情况检查和课堂时间控制等，并填写相应的检查记录	检查并完成教师检查记录	完成工作任务并完成学生自检、互检检查记录
评价总结	小组总结实训过程、组间评价实训过程、教师评价实训过程，分析和总结实训过程中出现的问题	评价学生实训过程中出现的问题	总结、评价和反思实训过程，完成实训报告
小结	本次课程实训主要是让学生掌握台式钻床速度和张紧力的调节，在实操训练过程中首先要注意强调实训纪律和实训安全。台式钻床速度和张紧力的调节存在一定的危险性，容易在实训过程中出现挤压等安全事故，特别是实训中要注意在台式钻床速度和张紧力调节前断电，台式钻床速度和张紧力调节完成后，供电试钻的过程要让学生注意安全		
课后作业	习题册		

实操训练2

教学要求

1. 掌握拆装机械零部件的一般步骤和方法。
2. 能计算齿轮传动比。

教学重点与难点

1. 教学重点

（1）拆装机械零部件的一般步骤和方法。

（2）计算齿轮传动比。

2. 教学难点

拆装机械零部件的一般步骤和方法。

教学建议

安排本实训的目的是通过拆装单级齿轮减速器，增强学生对齿轮传动、齿轮润滑和轴承润滑的认识，并通过实践活动锻炼学生的动手能力。教材中给出的任务实施步骤比较清晰，教学中可以直接安排学生分组讨论，并要求其按教材中所给步骤进行操作，教师组织引导好讨论的节奏，并做好巡回指导。

典型教案

教师姓名		授课班级		授课日期	
授课章节	实操训练 2				
教学内容	1. 观察减速器实物，参照装配图分析减速器的结构 2. 了解齿轮和轴承的润滑、密封方法			理论学时	0
				实训学时	4
课程导入	通过视频或实物展示减速器的结构，进而介绍减速器拆卸和装配的方法				
教学设计				教师活动	学生活动
明确任务	1. 明确学习任务 （1）观察减速器实物，参照装配图分析减速器的结构 （2）了解齿轮和轴承的润滑、密封方法 2. 温习安全教育，学习安全生产要求 3. 温习车间的“6S”管理要求 4. 了解并读懂装配示意图 5. 掌握拆装单级齿轮减速器的方法和步骤			下发任务	明确任务
收集信息	1. 查找资料，了解单级齿轮减速器的结构、原理、密封方法、润滑方法 2. 根据单级齿轮减速器的结构和特点，了解拆装单级齿轮减速器所需的工具			组织学生查阅资料	清点拆装工具和查阅资料

续表

教学设计		教师活动	学生活动
计划决策	1. 讲解单级齿轮减速器的结构特点 2. 讲解并演示单级齿轮减速器的拆装方法 3. 讲解如何确定单级齿轮减速器零件的拆卸和装配顺序以及特殊结构零件的处理	1. 讲解并演示 2. 组织学生观看	领会讲解意图
实施计划	1. 按照教材和教师讲解拆卸单级齿轮减速器 2. 按照教材和教师讲解装配单级齿轮减速器	巡视指导，必要时进行示范讲解	自主练习，遇到问题组内、组间或向教师寻求帮助
检查控制	安全防护检查、课堂纪律检查、操作规范检查、任务完成情况检查和课堂时间控制等，并填写相应的检查记录	检查并完成教师检查记录	完成工作任务并完成学生自检、互检检查记录
评价总结	小组总结实训过程、组间评价实训过程、教师评价实训过程，分析和总结实训过程中出现的问题	评价学生实训过程中出现的问题	总结、评价和反思实训过程，完成实训报告
小结	在减速器拆卸和安装时，一旦安装不当就会加大载荷量，容易造成轴承损坏，影响减速器的使用效果，要让学生在操作过程中，按照教材讲解的操作步骤完成训练		
课后作业	习题册		

第五章 —— 液压传动

学时分配表

<table>
<tr><th>教学单元</th><th>教学内容</th><th>学时</th></tr>
<tr><td rowspan="6">§5–1　液压传动概述</td><td>一、液压传动原理</td><td rowspan="2">1</td></tr>
<tr><td>二、液压传动系统的组成</td></tr>
<tr><td>三、液压传动的特点</td><td rowspan="2">1</td></tr>
<tr><td>四、液压系统的图形符合</td></tr>
<tr><td>五、液压传动的基本参数</td><td rowspan="2">1</td></tr>
<tr><td>课堂讨论</td></tr>
<tr><td rowspan="5">§5–2　液压传动元件</td><td>一、液压泵</td><td rowspan="2">1</td></tr>
<tr><td>二、液压缸</td></tr>
<tr><td>三、液压控制阀</td><td rowspan="3">1</td></tr>
<tr><td>四、液压辅助元件</td></tr>
<tr><td>课堂讨论</td></tr>
<tr><td rowspan="4">§5–3　液压传动基本回路</td><td>一、压力控制回路</td><td rowspan="2">1</td></tr>
<tr><td>二、速度控制回路</td></tr>
<tr><td>三、方向控制回路</td><td rowspan="2">1</td></tr>
<tr><td>课堂讨论</td></tr>
<tr><td rowspan="4">§5–4　液压传动在汽车上的应用</td><td>实例 1：液压制动系统</td><td rowspan="4">1</td></tr>
<tr><td>实例 2：液压助力转向系统</td></tr>
<tr><td>实例 3：自卸车液压系统</td></tr>
<tr><td>课堂讨论</td></tr>
<tr><td>实操训练</td><td>根据液压控制回路图搭建液压控制回路</td><td>2</td></tr>
<tr><td colspan="2">合　　计</td><td>10</td></tr>
</table>

§5-1　液压传动概述

教学要求

了解液压传动系统的组成、工作原理、图形符号、传动特点和基本参数。

教学重点与难点

1. 教学重点

（1）液压传动的工作原理。

（2）液压传动的组成、特点及图形符号的作用。

（3）液压传动的基本参数。

2. 教学难点

液压系统的工作原理。

教学建议

1. 液压传动概述是本章较重要的一节，理论性和实践性都很强，在教学中应将理论与实践紧密结合起来。课堂教学尽可能采用现实生活中的实例导入，充分利用多媒体课件、透明元件教具、图片和液压系统训练设备等进行直观教学，以利于加深学生的理解。教学中应把重点放在液压传动的工作原理及组成上，重点讲解液压传动的原理、图形符号、元件等内容。

2. 教学过程中要坚持以教师为主导、学生为主体，要突出液压传动知识的基础性、综合性和实践性，培养学生分析问题、解决问题的能力。教学中，还应特别注意各节之间的纵向联系和横向联系，做到前后呼应，互为整体。

典型教案

教师姓名		授课班级		授课日期	
授课章节	§5-1　液压传动概述				
教学内容	1. 液压传动原理 2. 液压传动系统的组成 3. 液压传动的特点 4. 液压系统的图形符号 5. 液压传动的基本参数			理论学时	3
				实训学时	0

续表

<table>
<tr><td>课程导入</td><td colspan="3">由于液压传动的应用实例在日常生活中随处可见，学生对其并不陌生。可以通过生活中的实例进行课程引入，例如，通过提问“装载机为什么能轻松举起那么重的货物”来引起学生对液压传动系统的思考，进而引出本节的内容，或者也可以用生活中常见的实例，如铲土机、起重机、汽车翻斗机构等引入教学内容</td></tr>
<tr><th colspan="2">教学设计</th><th>教师活动</th><th>学生活动</th></tr>
<tr><td colspan="2">一、液压传动原理
以千斤顶为例介绍液压传动的基本原理 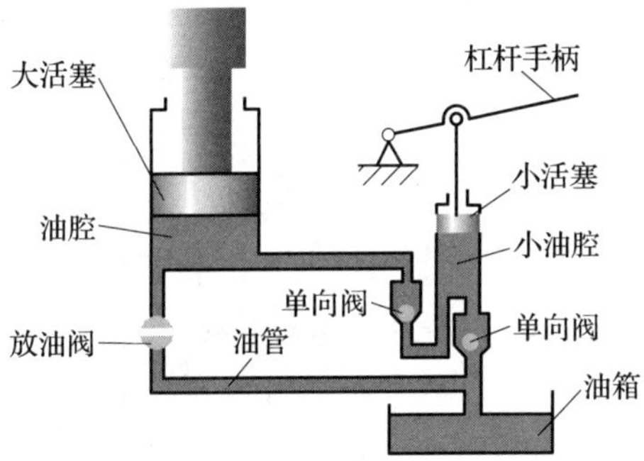
原理：液压传动以液体为工作介质，依靠密封容积的变化来传递运动，通过液体内部的压力传递动力
本质：能量转换装置，机械能→液压能→机械能</td><td>讲解：结合教具、视频等讲解液压传动的原理</td><td></td></tr>
<tr><td colspan="2">二、液压传动系统的组成
1. 动力元件——液压泵
作用：将机械能转化为液压能
2. 执行元件——液压缸、液压马达
作用：将液压能转化为工作部件的机械能
3. 控制元件——液压阀
作用：控制和调节油液的压力
4. 辅助元件——油箱、油管、过滤器、密封件、压力表等
作用：保证正常工作
三、液压传动系统的特点
1. 功率密度大，结构紧凑，质量轻
2. 能无级调速，调速范围大</td><td>讲解：建议结合教具、图片等进行讲解，如果有条件建议利用实物进行讲解，增加学生的直观感受，有助于学生了解液压元件</td><td>观察液压元件的实物，了解液压传动系统的组成</td></tr>
</table>

续表

<table>
<tr><th colspan="2">教学设计</th><th>教师活动</th><th>学生活动</th></tr>
<tr><td colspan="2">3．运动惯性小，变速性能好
4．运动平稳，能自行润滑，使用寿命长
5．操作方便、省力，特别是与电气元件、设备组合使用时效果更好
6．易于实现标准化、系列化和通用化
四、液压系统的符号
利用符号表示液压系统工作原理的优点是绘制方便，其特点是只表示元件的功能、控制方式、外部连接口，不表示元件的具体结构、参数及连接口的实际位置和元件的安装位置
五、液压传动的基本参数
1．压力
定义：液体在单位面积上所受的法向力
计算公式：$p=\frac{F}{A}$
2．流量
定义：单位时间内流过某一通道截面的液体体积
计算公式：$q=\frac{V}{t}$
3．活塞运动速度与平均流速
定义：活塞运动速度和油液平均流速相同
计算公式：$v=\frac{q}{A}$
式中　v——液流的平均速度，m/min
q——流量，m^3/s
A——活塞有效作用面积或管道截面积，m^2</td><td>讲解：重点讲解每个基本参数的含义，也要通过多次练习掌握各种参数的计算方法

讨论：活塞的运动速度与压力有关吗</td><td>计算例题

讨论并总结</td></tr>
<tr><td>小结</td><td colspan="3">在教学中要向学生强调液压传动系统由四部分组成，各部分都有其相应的作用，缺一不可，辅助元件也是液压系统的重要组成部分</td></tr>
<tr><td>课后作业</td><td colspan="3">习题册</td></tr>
</table>

§5–2　液压传动元件

教学要求

1. 熟悉液压传动元件的结构和工作原理。
2. 掌握液压传动元件的图形符号。

教学重点与难点

1. 教学重点

液压泵、液压缸、液压控制元件的结构、工作原理及图形符号。

2. 教学难点

液压泵、液压缸、液压控制元件的工作原理。

教学建议

教学中建议采用多媒体演示（制作动画效果，用不同的颜色标记元件和不同压力的油液等）的方法来讲解各种液压元件的工作原理，这样更直观，使学生更容易理解，同时对于结构原理相近的液压元件，建议将两个元件放在一起进行对比，既要讲清楚两个元件的原理有什么不同，又要对其不同的应用特点进行说明。

典型教案

<table>
<tr><td>教师姓名</td><td></td><td>授课班级</td><td></td><td>授课日期</td><td></td></tr>
<tr><td>授课章节</td><td colspan="5">§5–2　液压传动元件</td></tr>
<tr><td rowspan="2">教学内容</td><td colspan="3" rowspan="2">1．液压泵
2．液压缸
3．液压控制阀
4．液压辅助元件</td><td>理论学时</td><td>2</td></tr>
<tr><td>实训学时</td><td>0</td></tr>
<tr><td>课程导入</td><td colspan="5">液压传动系统的工作原理图直观性强，容易理解，但绘制麻烦。在实际工作中，除特殊情况外，一般都采用国家标准《流体传动系统及元件　图形符号和回路图　第1部分：图形符号》（GB/T 786.1—2021）所规定的液压图形符号来绘制</td></tr>
</table>

续表

<table>
<tr><th>教学设计</th><th>教师活动</th><th>学生活动</th></tr>
<tr><td>
一、液压泵
液压泵是液压传动系统的动力元件，是将原动机输入的机械能转换为液压能输出的能量转换元件
1. 液压泵的工作原理
液压泵靠密封容积的变化来实现吸油和压油，其输出流量的多少取决于密封工作容积变化的大小
2. 液压泵正常工作的条件
（1）应具备密封容积，而密封容积能够交替变化
（2）应有配流装置，以使在任何时候其吸油腔和压油腔都不能互通（如止回阀）
（3）在吸油过程中，油箱必须与大气相通
3. 液压泵的图形符号
<table>
<tr><th>一般符号</th><th>单向定量泵</th><th>双向定量泵</th><th>单向变量泵</th></tr>
<tr><td></td><td></td><td></td><td></td></tr>
</table>
4. 液压泵的分类
（1）按结构形式：齿轮泵、叶片泵、柱塞泵、转子泵等
（2）按输出流量是否能调节：定量泵、变量泵
（3）按供油方向：单向泵、双向泵
（4）按额定压力的高低：低压泵（2.5 MPa 以下）、中压泵（2.5 ~ 8 MPa）、中高压泵（8 ~ 16 MPa）、高压泵（16 ~ 32 MPa）、超高压泵（32 MPa 以上）
5. 常用液压泵工作原理
<table>
<tr><th>类型</th><th>特点</th></tr>
<tr><td>外啮合齿轮泵</td><td>结构简单，成本低，抗污和自吸性好，广泛应用于低压系统</td></tr>
<tr><td>内啮合齿轮泵</td><td>结构紧凑，工作容积大，转速高，噪声低，但流量脉动大，多用于中低压系统</td></tr>
</table>
</td><td>讲解：利用视频、PPT 和教具等详细讲解液压泵的工作原理、图形符号及分类，如果有条件，建议进行现场教学</td><td></td></tr>
</table>

续表

<table>
<tr><th>教学设计</th><th>教师活动</th><th>学生活动</th></tr>
<tr><td>
续表
<table>
<tr><th>类型</th><th>特点</th></tr>
<tr><td>叶片泵</td><td>流量均匀，运动平稳，结构紧凑，噪声低，但其结构复杂，吸入性能差，对工作油液的污染较敏感，主要用于对速度平稳性要求高的中低压系统</td></tr>
<tr><td>柱塞泵</td><td>泄漏小，容积效率高，能承受较高的压力，易于实现变量，但其抗污染能力差，一般用于高压系统</td></tr>
</table>
二、液压缸
1．液压缸的结构与工作原理
结构组成：缸筒、缸盖、活塞、活塞杆
作用：液体压力能转化为机械能
分类：按结构不同分为活塞式、柱塞式、伸缩套筒式；按油压作用形式不同分为单作用式、双作用式
2．液压缸的类型及图形符号
（1）单作用液压缸
<table>
<tr><th>单作用柱塞缸</th><th>单作用单杆缸</th><th>单作用伸缩缸</th></tr>
<tr><td> 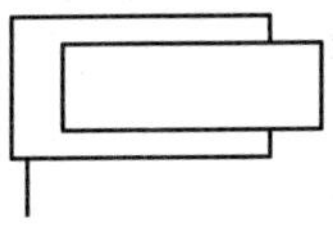</td><td> 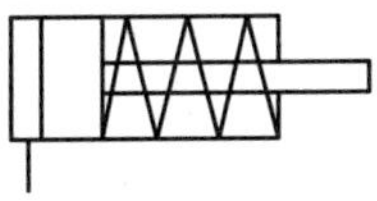</td><td> 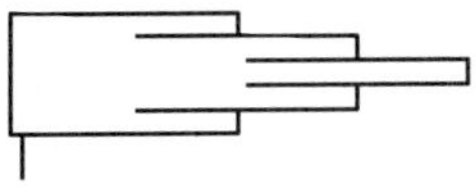</td></tr>
</table>
（2）双作用液压缸
<table>
<tr><th>双作用单杆缸</th><th>双作用双杆缸</th><th>双作用伸缩缸</th></tr>
<tr><td> 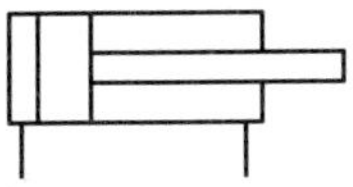</td><td> 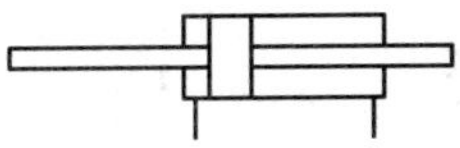</td><td> 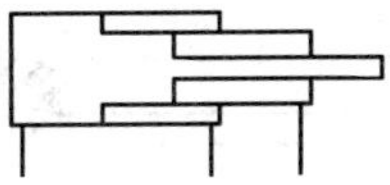</td></tr>
</table>
3．液压缸的密封装置
（1）作用：防止油液泄漏
（2）要求：有良好的密封性，摩擦阻力小，制造简单，拆装方便，使用寿命长
</td><td>讲解：利用视频、PPT和教具等详细讲解液压缸的工作原理、图形符号及密封装置，如果有条件，建议进行现场教学</td><td></td></tr>
</table>

续表

<table>
<tr><th>教学设计</th><th>教师活动</th><th>学生活动</th></tr>
<tr><td>（3）密封点
动密封：活塞与缸筒、活塞杆与缸盖
静密封：缸筒与缸盖
（4）常见密封形式
<table>
<tr><td>间隙密封</td><td>利用运动件之间的微小间隙来防止泄漏</td><td> 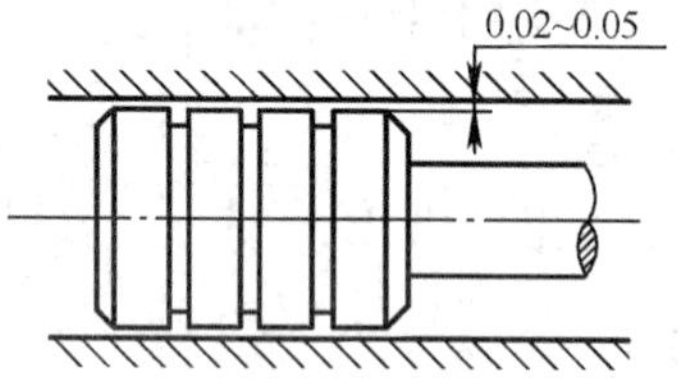0.02~0.05</td></tr>
<tr><td>O形圈密封</td><td>结构简单，制造容易，密封可靠，摩擦力小，应用广泛</td><td> 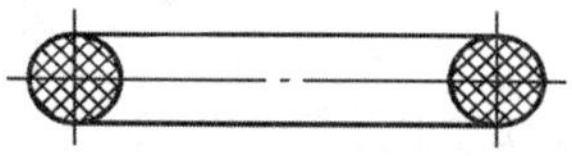</td></tr>
<tr><td>Y形密封圈密封</td><td>结构简单，适用性广，密封效果好，常用于活塞与液压缸之间或活塞杆与液压缸缸盖之间的密封</td><td> 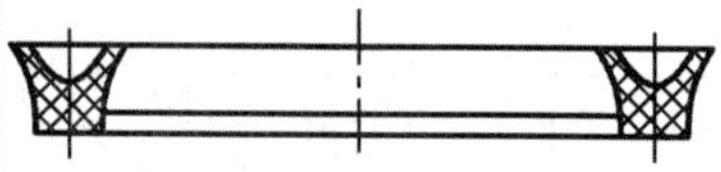</td></tr>
<tr><td>V形密封圈密封</td><td>三个一组，由多层涂胶织物压制而成，由形状不同的压环、密封环和支承环组成。当压环压紧密封环时，支承环可使密封环产生变形而起到密封作用</td><td> 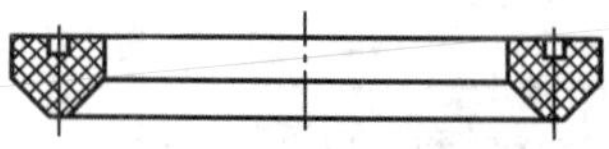压环 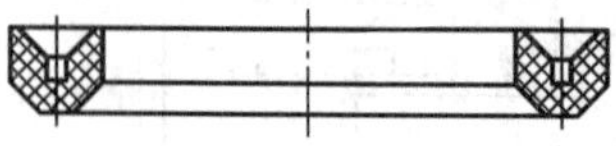
密封环 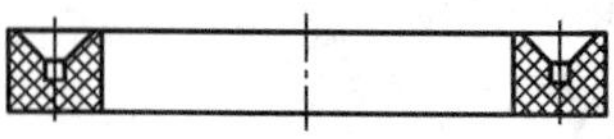
支承环</td></tr>
</table>
</td><td>讲解：在实际应用中，工况不同所使用的密封形式也不同，建议结合不同的工况进行讲解</td><td></td></tr>
</table>

续表

<table>
<tr><th>教学设计</th><th>教师活动</th><th>学生活动</th></tr>
<tr><td>4. 液压缸缓冲装置
作用：防止运动件的质量较大、运动速度较高时，由于惯性作用，活塞运动到行程终止时与缸盖或缸底发生机械碰撞，引起冲击、振动和噪声而损坏液压缸
5. 液压缸的排气
作用：排出液压缸中残留的空气，防止液压装置在工作中出现振动、颤抖、爬行、噪声等，影响机器的正常工作
三、液压控制阀
1. 方向阀
（1）单向阀
作用：控制油液单方向流动
<table><tr><td>单向阀</td><td> 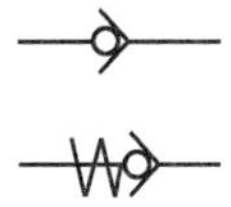</td></tr><tr><td>液控单向阀</td><td> 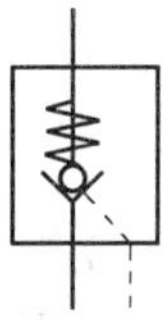</td></tr></table>
（2）换向阀
作用：改变油液的流动路线，以改变工作机构的运动方向
A B P T
A B P T
A B P T</td><td>讨论：液压缸缓冲装置和排气装置的作用分别是什么

讲解：利用视频、PPT和教具等详细讲解液压控制阀的工作原理和图形符号等，如果有条件，建议进行现场教学</td><td>讨论</td></tr>
</table>

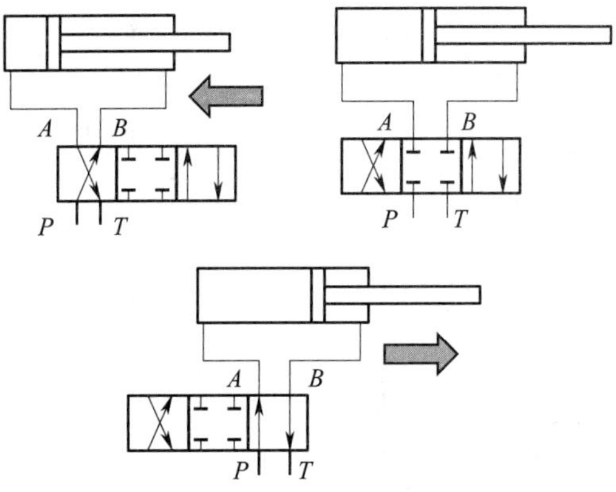

续表

<table>
<tr><th>教学设计</th><th>教师活动</th><th>学生活动</th></tr>
<tr><td>
位和通的关系

二位二通	二位三通	二位四通
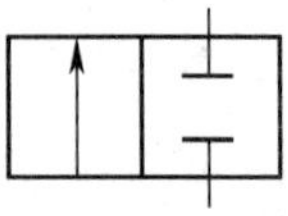	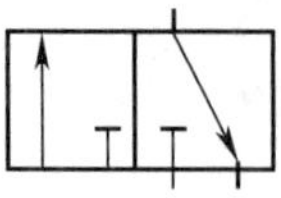	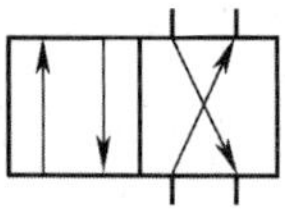
二位五通	三位四通	三位五通
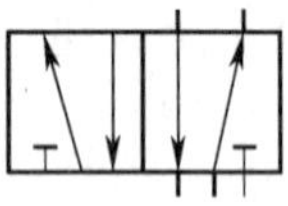	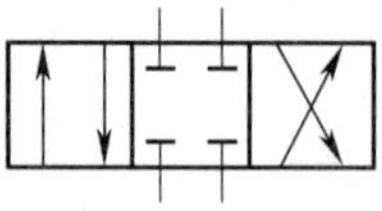	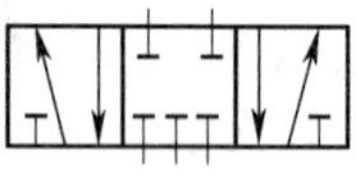

阀口标志
压力油的进油口——P　　通油箱的回油口——T
连接执行元件的工作油口——A、B
换向阀控制方式

手柄式	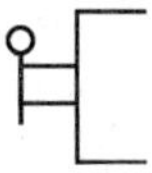	电磁式	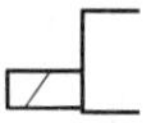
顶杆式	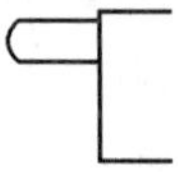	弹簧控制式	
滚轮式	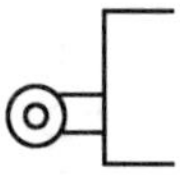	液动式	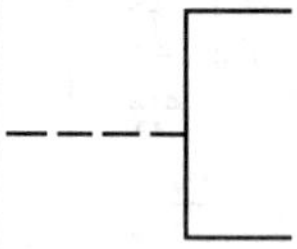

2．压力阀
（1）溢流阀
通过阀口溢流保持控制系统或回路压力恒定，实现稳压、调压和限压的作用

直动式溢流阀	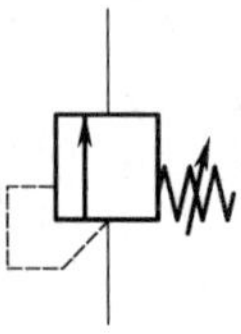
先导式溢流阀	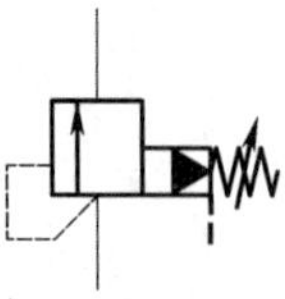
</td><td></td><td></td></tr>
</table>

续表

<table>
<tr><th>教学设计</th><th>教师活动</th><th>学生活动</th></tr>
<tr><td>（2）减压阀
降低系统中某一支路的油液压力，使同一系统有两个或多个不同的压力
减压阀与溢流阀的区别
减压阀利用出口油压与弹簧力平衡，而溢流阀则利用进口油压与弹簧力平衡
减压阀的进油口、出油口均有压力，弹簧腔的泄油需要从外部单独接回油箱（又称外部回油），而溢流阀的泄油可沿内部通道经回油口流回油箱（又称内部回油）
非工作状态时，减压阀的阀口常开，而溢流阀的阀口常闭
3．流量阀
作用：控制液压系统中液体的流量，实现对液压系统速度的控制
<table><tr><td>节流阀</td><td></td></tr><tr><td>调速阀</td><td></td></tr></table></td><td>讨论：结合减压阀和溢流阀的原理对比，讨论减压阀和溢流阀的区别有哪些</td><td>讨论</td></tr>
<tr><td>四、液压辅助元件
作用：保证液压系统能完成工作任务
<table><tr><td>过滤器</td><td>粗　精</td></tr><tr><td>储能器</td><td></td></tr><tr><td>油管</td><td>硬　软</td></tr><tr><td>管接头</td><td>快速接头</td></tr><tr><td>油箱</td><td></td></tr></table></td><td>讨论：辅助装置的作用是什么</td><td>讨论</td></tr>
</table>

续表

小结	教学时，有条件的可以带学生进车间进行现场教学，或用多媒体展示液压辅助元件，这样不仅可以避免知识点停留在文字层面上，也可以让学生有感性认识，加深学生的理解和记忆
课后作业	习题册

§5-3　液压传动基本回路

教学要求

了解液压传动基本回路的组成、特点及应用。

教学重点与难点

1. 教学重点

压力控制回路、速度控制回路和方向控制回路的组成和特点。

2. 教学难点

压力控制回路、速度控制回路和方向控制回路的应用。

教学建议

对于液压传动系统基本回路的讲解，有条件的可以进行现场教学，让学生观察运行设备的液压传动系统，或者利用多媒体展示其液压传动系统。先明确各基本控制回路的概念，再针对实现的功能进行具体分析（基本控制回路分析）。如此安排教学既可提高学生的观察能力、分析能力，又可加深他们对知识点的理解，便于今后灵活选择与应用。

典型教案

<table>
<tr><td>教师姓名</td><td></td><td>授课班级</td><td></td><td>授课日期</td><td></td></tr>
<tr><td>授课章节</td><td colspan="5">§5-3　液压传动基本回路</td></tr>
<tr><td rowspan="2">教学内容</td><td colspan="3" rowspan="2">1. 压力控制回路
2. 速度控制回路
3. 方向控制回路</td><td>理论学时</td><td>2</td></tr>
<tr><td>实训学时</td><td>0</td></tr>
</table>

续表

<table>
<tr><td>课程导入</td><td colspan="3">现代液压传动系统虽然越来越复杂，但其是由一些液压传动基本回路组成的。所谓液压传动基本回路，是指由有关液压传动元件组成的用来完成特定功能的典型油路结构。只要了解了液压传动的基本回路，就能按照要求设计出满足实际要求的液压传动系统</td></tr>
<tr><td colspan="2">教学设计</td><td>教师活动</td><td>学生活动</td></tr>
<tr><td colspan="2">按照油路的功能不同，液压传动基本回路可分为压力控制回路、速度控制回路和方向控制回路
一、压力控制回路
作用：调节系统压力，满足执行机构对压力的要求
分类：调压回路、减压回路、增压回路、卸荷回路等
1. 调压回路
（1）单级调压回路 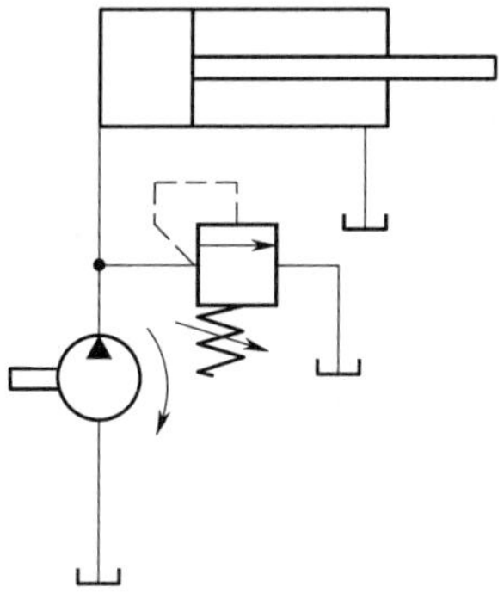

（2）多级调压回路 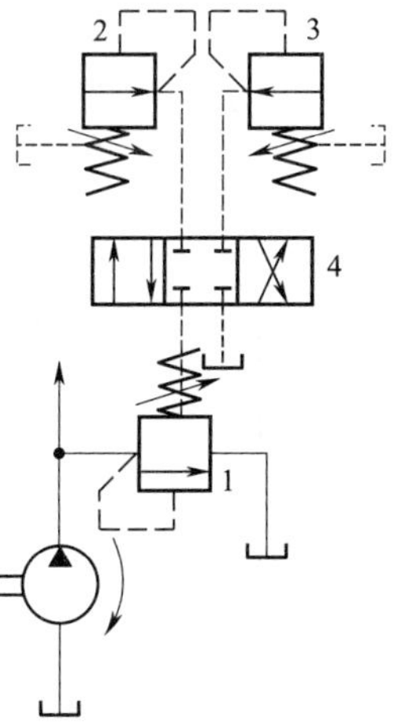
2 3 4 1
1—溢流阀 2、3—调压阀 4—换向阀</td><td>讲解：利用视频、PPT和教具等详细讲解压力控制回路，如果有条件，建议进行现场教学</td><td>复述压力控制回路的控制过程</td></tr>
</table>

续表

教学设计	教师活动	学生活动
2．减压回路 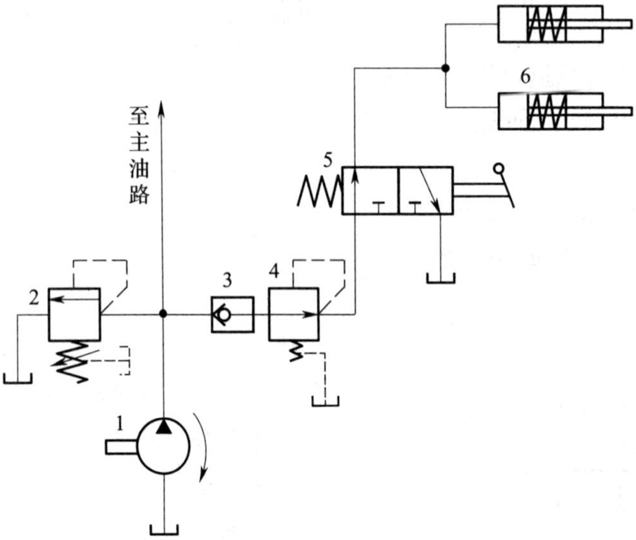 1—液压泵　2—溢流阀　3—止回阀　4—减压阀 5—卸荷阀　6—工作缸 3．增压回路 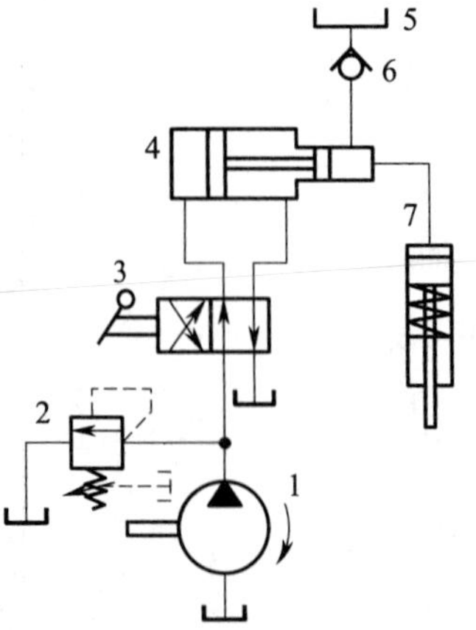 1—液压泵　2—溢流阀　3—换向阀　4—增压缸 5—油箱　6—止回阀　7—工作缸		

续表

教学设计	教师活动	学生活动
4．卸荷回路 （1）换向阀卸荷回路 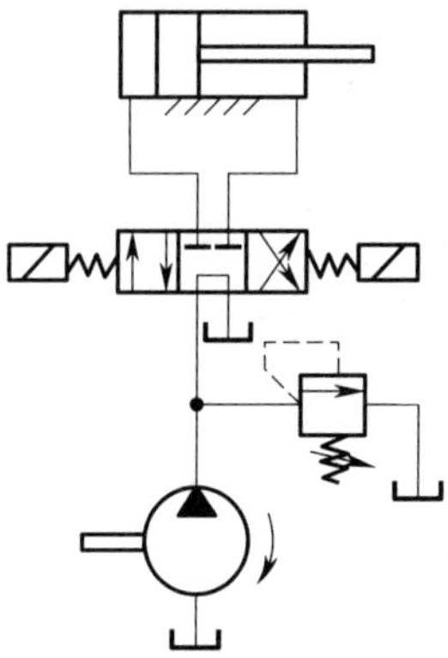 （2）使用溢流阀的卸荷回路 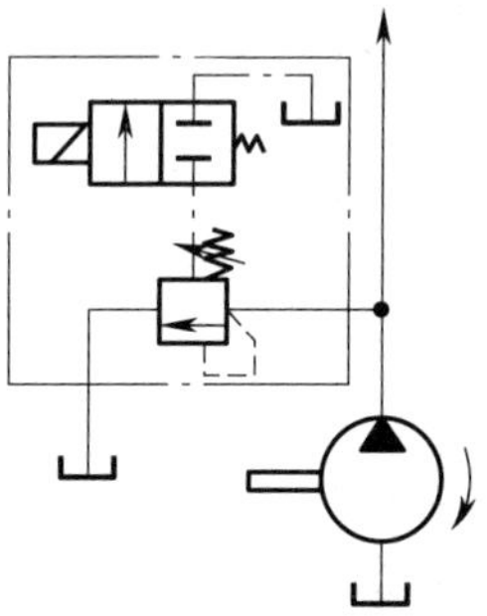		
二、速度控制回路 1．节流调速回路 （1）进油节流调速回路 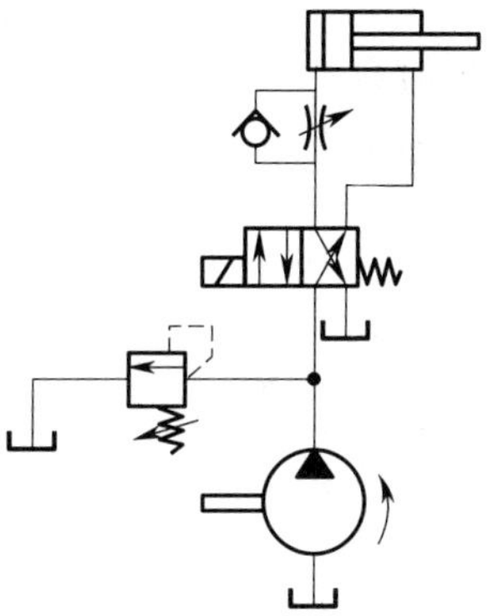	讲解：利用视频、PPT和教具等详细讲解速度控制回路，如果有条件，建议进行现场教学	复述速度控制回路的控制过程

续表

教学设计	教师活动	学生活动
节流阀安装在液压缸的进油路上，通过调节液压缸进油量来控制活塞的移动速度 （2）回油节流调速回路 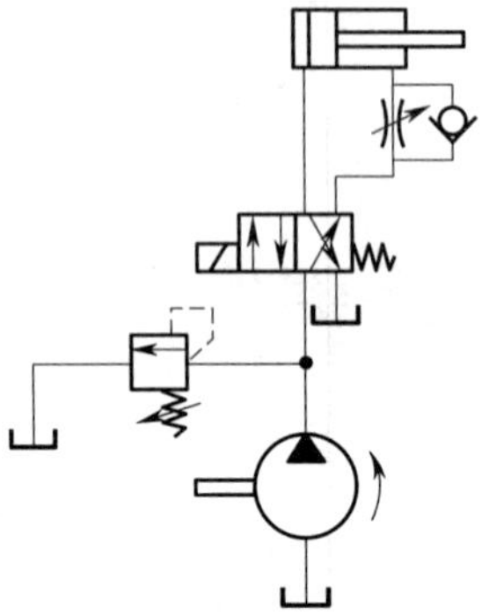 节流阀安装在液压缸的回油路上，通过调节液压缸的回油量，限制进油量来控制活塞的移动速度 （3）旁路节流调速回路 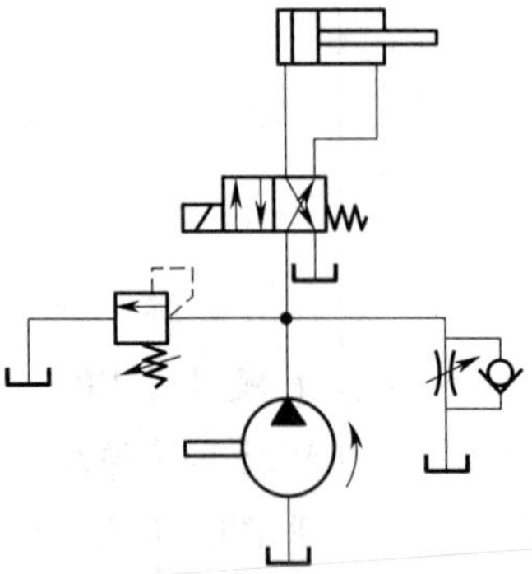 节流阀安装在进油旁路，形成分流油路，控制泵的分流量，从而限定进入液压缸的流量，控制活塞的移动速度 2. 同步回路 同步回路分为串联式和并联式两种，在汽车上多采用并联式同步回路		

续表

教学设计	教师活动	学生活动
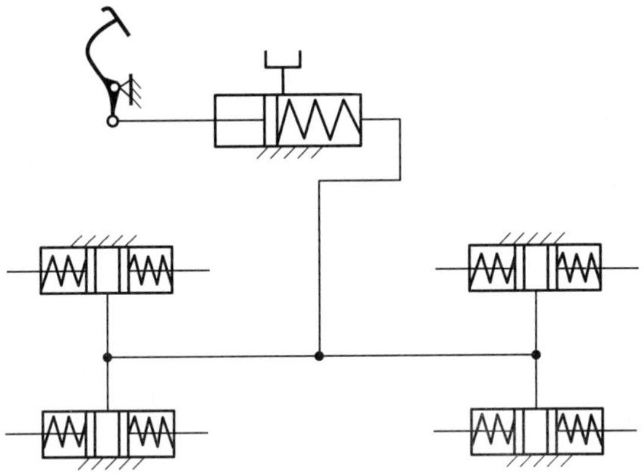 汽车液压制动系统的四个单作用轮缸并联，分别控制制动蹄张开，实施制动 三、方向控制回路 方向控制回路用来控制液压系统各条油路中液流的接通、切断或改变流向，从而使各执行元件按照需要相应地完成启动、停止或换向等一系列动作 1．换向回路 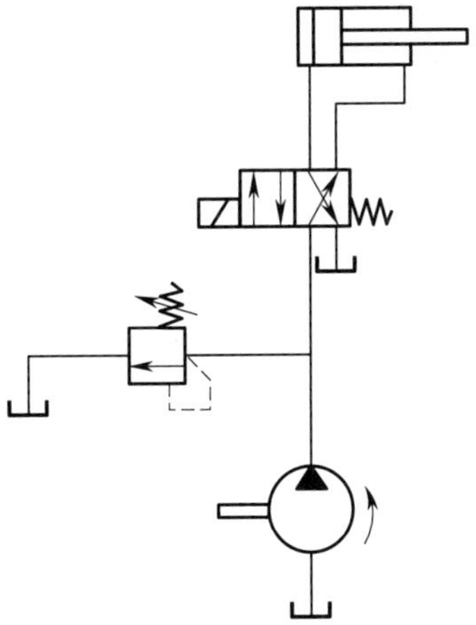	讲解：利用视频、PPT和教具等详细讲解方向控制回路，如果有条件，建议进行现场教学	复述方向控制回路的控制过程

续表

<table>
<tr><th colspan="2">教学设计</th><th>教师活动</th><th>学生活动</th></tr>
<tr><td colspan="2">2．锁紧回路
A　B
锁紧回路是通过回路的控制，使执行元件在运动过程中的某一位置上停留一段时间保持不动，以防止液压缸漂移或沉降</td><td></td><td></td></tr>
<tr><td>小结</td><td colspan="3">在教学中要向学生讲清楚液压系统是由基本回路组成的，它表示一个系统的基本工作原理，即系统执行元件所能实现的各种动作。液压系统图都是按照标准图形符号绘制的，原理图仅仅表示各液压元件及它们之间的连接与控制方式，并不代表它们的实际尺寸大小和空间位置</td></tr>
<tr><td>课后作业</td><td colspan="3">习题册</td></tr>
</table>

§5–4　液压传动在汽车上的应用

教学要求

了解液压传动在汽车上的应用。

教学重点与难点

1. 教学重点

液压传动在汽车上的应用。

2. 教学难点

液压系统的分析。

教学建议

前一节学习了液压传动的基本回路，基本回路只是完成某一特定功能的回路，而一个完整的液压传动系统是由许多液压元件及若干基本回路组成的。这一节的内容既是液压传动在汽车上的应用实例，又是对前面所学内容的一个综合应用。本节通过三个具体的液压传动系统在汽车上的应用实例，使学生体会和熟悉液压传动系统的具体应用，进一步提高学生对液压传动系统基本回路的理解。在教学中，要多提问、多设疑，对前面的内容查遗补漏。

典型教案

<table>
<tr><td>教师姓名</td><td></td><td>授课班级</td><td></td><td>授课日期</td><td></td></tr>
<tr><td>授课章节</td><td colspan="5">§ 5-4　液压传动在汽车上的应用</td></tr>
<tr><td rowspan="2">教学内容</td><td colspan="3" rowspan="2">1．掌握液压制动系统的基本原理
2．掌握液压助力转向系统的基本原理
3．掌握自卸车液压系统的基本原理</td><td>理论学时</td><td>1</td></tr>
<tr><td>实训学时</td><td>0</td></tr>
<tr><td>课程导入</td><td colspan="5">在汽车上应用了液压传动的实例有汽车制动器、液压助力转向系统、卡车自卸系统，现在将通过本节学习其工作原理</td></tr>
<tr><td colspan="4">教学设计</td><td>教师活动</td><td>学生活动</td></tr>
<tr><td colspan="4">一、掌握液压制动系统的基本原理

1—制动踏板　2—推杆　3—主缸活塞　4—制动主缸
5—油管　6—制动轮缸　7—轮缸活塞　8—制动鼓　9—摩擦片
10—制动蹄　11—制动底板　12—支承销　13—制动蹄回位弹簧</td><td>讲解：一般汽车维修专业都有液压制动系统、液压助力转向系统和自卸车液压系统的教具或实物，建议结合教具、实物、动画或PPT进行讲解</td><td>复述：液压制动系统、液压助力转向系统和自卸车液压系统的工作原理</td></tr>
</table>

续表

<table>
<tr><th colspan="2">教学设计</th><th>教师活动</th><th>学生活动</th></tr>
<tr><td colspan="2">二、掌握液压助力转向系统的基本原理 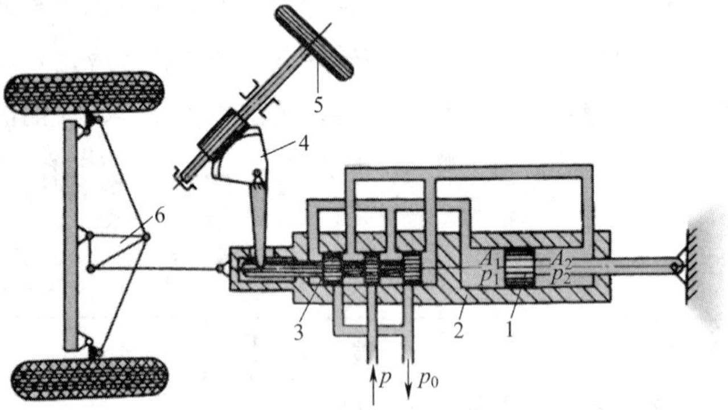

1—活塞　2—缸体　3—阀芯　4—摆杆　5—转向盘
6—转向连杆机构

三、掌握自卸车液压系统的基本原理 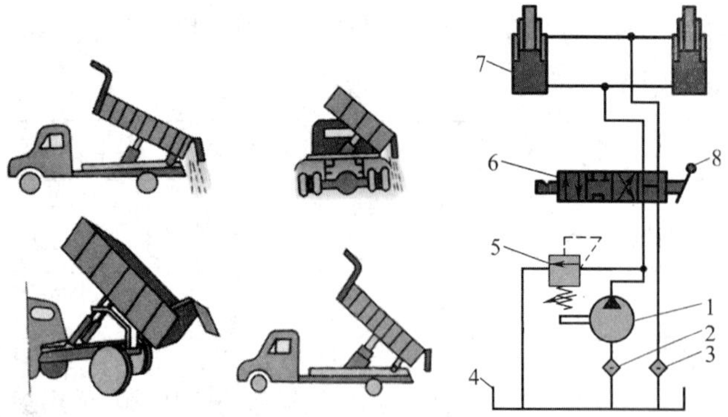

1—液压泵　2、3—过滤器　4—油箱　5—限压阀
6—方向控制阀　7—液压缸　8—手柄</td><td></td><td></td></tr>
<tr><td>小结</td><td colspan="3">本节所讲述的液压传动系统在汽车上的应用实例都是汽车最常见和最成熟的应用，在实际讲述过程中如果学校有相关试验设备，可以结合相应设备进行讲解，使学生能更加直观地掌握应用实例</td></tr>
<tr><td>课后作业</td><td colspan="3">习题册</td></tr>
</table>

实 操 训 练

教学要求

1. 掌握液压元件的图形符号。
2. 根据液压元件图形符号找出相应的元件。
3. 根据控制回路图搭建液压控制回路。

教学重点与难点

1. 教学重点

（1）掌握液压元件的图形符号。

（2）根据控制回路图搭建液压控制回路。

2. 教学难点

根据控制回路图搭建液压控制回路。

教学建议

本节的实训内容看似简单，实际上内容较多，首先要保证学生掌握液压操作试验台的使用方法以及液压元件的连接方法等，其次要求学生充分掌握液压控制回路图的识读方法，只有这样才能保证实操训练的安全。同时，在实操训练过程中还要尽量做到液压管路连接走向清晰、连接正确，各元件布置合理等，实操训练过程中不能造成液压油泄漏等。

典型教案

<table>
<tr><td>教师姓名</td><td></td><td>授课班级</td><td></td><td>授课日期</td><td></td></tr>
<tr><td>授课章节</td><td colspan="5">实操训练</td></tr>
<tr><td rowspan="2">教学内容</td><td colspan="3" rowspan="2">根据液压控制回路图搭建液压控制回路</td><td>理论学时</td><td>0</td></tr>
<tr><td>实训学时</td><td>2</td></tr>
<tr><td>课程导入</td><td colspan="5">由常见的液压系统为例展开教学，如汽车的液压制动系统等，激发学生的学习兴趣</td></tr>
</table>

续表

教学设计		教师活动	学生活动
明确任务	1．明确学习任务：分析控制回路图，找出控制回路图中相应的液压元件，并搭建控制回路 2．温习安全教育，学习安全生产要求 3．温习车间的“6S”管理要求	下发任务	明确任务
收集信息	1．在教师的帮助下了解液压试验台的基本操作 2．掌握液压试验台的安全操作事项	组织学生查阅资料	查阅资料
计划决策	1．对照液压控制回路图分析每个液压元件的名称、作用和特点 2．教师依据给定的液压控制回路图演示液压回路的连接，并检查回路是否符合要求	1．讲解并演示 2．组织学生观看 3．解答学生疑问	1．观看教师演示 2．复述操作流程
实施计划	1．在试验台上参照液压控制回路安装的基本方法完成液压控制回路的连接 2．根据液压控制回路图分析各元件的动作，并检验是否与试验台上的动作一致 3．分别说出回路中有哪些基本回路	巡视指导，必要时进行示范讲解	自主练习，遇到问题组内、组间或向教师寻求帮助
检查控制	安全防护检查、课堂纪律检查、操作规范检查、任务完成情况检查和课堂时间控制等，并填写相应的检查记录	检查并完成教师检查记录	完成工作任务并完成学生自检、互检检查记录
评价总结	小组总结实训过程、组间评价实训过程和教师评价实训过程，分析和总结实训过程中出现的问题	评价学生实训过程中出现的问题	总结、评价和反思实训过程，完成实训报告
小结	本次课程实训主要是让学生根据给定的液压控制回路图在试验台上找出相应的元件，并搭建控制回路。在现实生产中要求液压传动系统走向整洁、连接简单，同时，如果液压传动系统压力稍高也会存在一定的危险，在实训过程中一定要注意安全。此外，在实操训练中注意不能出现液压油泄漏现象，以免造成环境污染		
课后作业	习题册		

第六章 气压传动

学时分配表

教学单元	教学内容	学时
§6–1　气压传动概述	一、气压传动系统的组成	1
	二、气压传动的特点	
	三、气压传动元件的图形符合	
§6–2　气压传动元件	一、气源装置	1
	二、气动执行元件	
	三、气动控制元件	1
	四、气动辅助元件	
§6–3　气压传动基本回路	气压传动基本回路	1
实操训练	根据气压控制回路图搭建气压控制回路	2
合　　计		6

§6–1　气压传动概述

教学要求

1. 掌握气压传动系统的组成和传动特点。
2. 了解气压传动元件的图形符号。

3. 了解气压传动和液压传动的区别。

教学重点与难点

1. 教学重点

（1）气压传动系统的组成。

（2）气压传动元件的图形符号。

2. 教学难点

气压传动元件的图形符号。

教学建议

1. 在教学中应将理论教学与实践教学紧密结合起来。课堂教学尽可能采用现实生活中的实例导入，充分利用多媒体课件、透明元件教具、图片和气压系统训练设备等进行直观教学，以利于加深学生的理解。

2. 教学过程中要坚持以教师为主导、学生为主体，要突出气压传动知识的基础性、综合性和实践性，培养学生分析问题、解决问题的能力。教学中，还应特别注意各节之间的纵向联系和横向联系，做到前后呼应。

典型教案

教师姓名		授课班级		授课日期	
授课章节	§ 6-1　气压传动概述				
教学内容	1. 气压传动系统的组成 2. 气压传动的特点 3. 气压传动元件的图形符号			理论学时	1
				实训学时	0
课程导入	可以通过提问让学生思考，如果在食品加工的自动化生产行业中采用液压传动系统会产生什么情况？如果采用气压传动系统呢？进而引导学生认识到虽然气压传动系统和液压传动系统组成相似，但是气压传动系统有其自身的特点				
教学设计				教师活动	学生活动
气压传动是以压缩空气为工作介质，利用空气压力进行能量传递的运动方式 列举生活中常见的实例：气泵 以气动平口钳为例分析气压传动的基本原理				讲解：通过打气泵实例介绍气压传动的概念	

续表

<table>
<tr><th>教学设计</th><th>教师活动</th><th>学生活动</th></tr>
<tr><td> 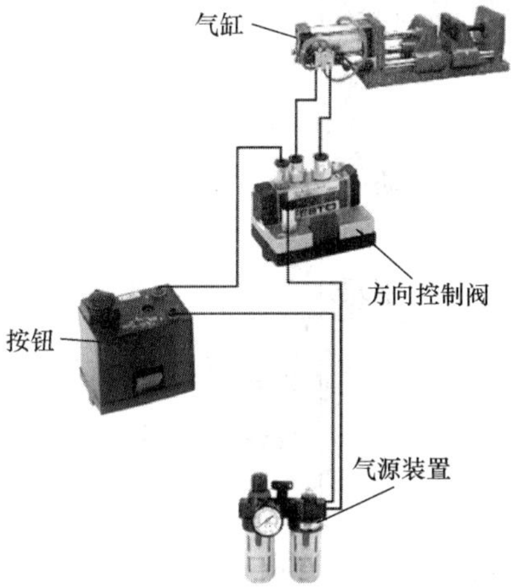</td><td>提问：气动平口钳的原理是什么</td><td>回答</td></tr>
<tr><td>一、气压传动系统的组成
<table>
<tr><td rowspan="2">气源装置</td><td>典型元件</td><td>空气压缩机</td></tr>
<tr><td>作用</td><td>机械能转化为气体的压力能</td></tr>
<tr><td rowspan="2">执行元件</td><td>典型元件</td><td>气缸</td></tr>
<tr><td>作用</td><td>压力能转化为机械能，输送给工作部件</td></tr>
<tr><td rowspan="2">控制元件</td><td>典型元件</td><td>压力阀、流量阀、方向阀</td></tr>
<tr><td>作用</td><td>控制压缩空气的压力、流量和流动方向等，推动执行元件完成预定动作</td></tr>
<tr><td rowspan="2">辅助元件</td><td>典型元件</td><td>过滤器、干燥器、油雾器、消声器等</td></tr>
<tr><td>作用</td><td>净化压缩空气、润滑、消声以及元件间的连接</td></tr>
</table></td><td>讨论：气压传动系统的组成和液压传动系统的组成有哪些异同点</td><td>讨论</td></tr>
<tr><td>二、气压传动的特点
1. 优点
（1）以空气为工作介质，易于取得，用后排入大气，不污染环境
（2）空气的黏度很低，在管道中流动时的能量损失很小，不存在介质变质及补充等问题
（3）适用于易燃、易爆、多尘埃、强磁、辐射、振动等恶劣的工作环境</td><td>讨论：与液压传动系统相比，气压传动系统有哪些液压传动系统不具备的优点</td><td>讨论</td></tr>
</table>

续表

教学设计	教师活动	学生活动
（4）气动元件结构简单，成本低，使用寿命长，易于实现标准化、系列化和通用化 2．缺点 （1）由于空气具有较大的可压缩性，因而运动平稳性较差 （2）因工作压力低（一般为 0.3 ~ 1 MPa），不易获得较大的输出力或力矩 （3）有较大的排气噪声 三、气压传动元件的图形符号	讨论：气压传动回路图应该怎样画	讨论
执行元件（气缸） 气动控制元件（单气控二位五通换向阀） 信号控制元件（旋钮式二位三通换向阀） 空气压缩机 气动二联件 1—空气压缩机　2—过滤器　3—加压阀　4—气压表 5—旋钮式二位三通换向阀　6—单气控二位五通换向阀　7—气压缸	讨论：汽车上有哪些系统使用了气压传动	讨论
小结	气动传动与液压传动的原理基本相同，特点也类似，教学中可以将液压传动系统与气压传动系统进行比较，使学生在掌握气压传动系统的同时也能加深对液压传动系统的理解	
课后作业	习题册	

§6–2　气压传动元件

教学要求

了解气压传动元件的结构、特点及符号。

教学重点与难点

1. 教学重点

气源装置及气动辅助元件、气压控制阀。

2. 教学难点

气源装置及气动辅助元件。

教学建议

教学中要注意强调，虽然气压传动和液压传动的原理相同，但液压传动采用的是各类合格的液压油，液压传动不需要对液压油做更多的处理；而气压传动采用的是压缩空气，要对空气进行压缩、净化等一系列的处理后，才能向设备提供干净、干燥的压缩空气供气压传动系统使用。因此，气压传动系统的气源装置及气动辅助元件部分是与液压传动系统差别最大的部分，要让学生重点加以学习。

典型教案

<table>
<tr><td>教师姓名</td><td></td><td>授课班级</td><td></td><td>授课日期</td><td></td></tr>
<tr><td>授课章节</td><td colspan="5">§6–2　气压传动元件</td></tr>
<tr><td rowspan="2">教学内容</td><td colspan="3" rowspan="2">1. 气源装置
2. 气动执行元件
3. 气动控制元件
4. 气动辅助元件</td><td>理论学时</td><td>2</td></tr>
<tr><td>实训学时</td><td>0</td></tr>
<tr><td>课程导入</td><td colspan="5">在上一章学习了液压传动元件的原理、作用及其元件符号，气压传动的原理、作用及元件符号与液压传动相比有哪些不同</td></tr>
</table>

续表

<table>
<tr><th>教学设计</th><th>教师活动</th><th>学生活动</th></tr>
<tr><td>
一、气源装置
详见教材：图 6-4
1．空气压缩机
<table>
<tr><td>空气压缩机</td><td></td><td>对空气进行压缩，形成压缩空气</td></tr>
</table>
2．气源净化装置
<table>
<tr><td>后冷却器</td><td></td><td>将空气压缩机出口的压缩空气冷却至 40 ℃以下，使其中的大部分水汽和变质油雾冷凝成液态水滴和油滴</td></tr>
<tr><td>油水分离器</td><td>手动
自动</td><td>将经后冷却器降温析出的水滴和油滴等杂质从压缩空气中分离出来，油水分离器又称除油器</td></tr>
<tr><td>储气罐</td><td></td><td>储存压缩空气并可以消除压力脉动，保持供气的连续性、稳定性</td></tr>
<tr><td>粗过滤器</td><td></td><td>清除压缩空气中的油污、水汽和粉尘，以提高下游干燥器的工作效率，延迟精过滤器的使用寿命</td></tr>
<tr><td>干燥器</td><td></td><td>进一步去除压缩空气中的水汽、油污和灰尘</td></tr>
<tr><td>精过滤器</td><td></td><td>对压缩空气中的油污、水汽和粉尘进行清除</td></tr>
</table>
</td><td>提问：气源装置在气压传动系统中的作用是什么

讲解：利用视频、PPT和教具等详细讲解气源装置的工作原理和图形符号等，特别注意与液压元件进行对比，如果有条件，建议进行现场教学</td><td>回答</td></tr>
</table>

续表

<table>
<tr><th>教学设计</th><th>教师活动</th><th>学生活动</th></tr>
<tr><td>
说明
（1）空气压缩机按压力大小可分为低压（0.2 ~ 1.0 MPa）、中压（1.0 ~ 10 MPa）、高压（> 10 MPa）三类
（2）空气压缩机按照工作原理可分为容积型、速度型
（3）一般冷却器有风冷和水冷两种方式
二、气动执行元件
作用：将压缩空气的压力能转换成机械能
<table>
<tr><td>普通气缸</td><td>摆动气缸</td><td>气马达</td></tr>
<tr><td> 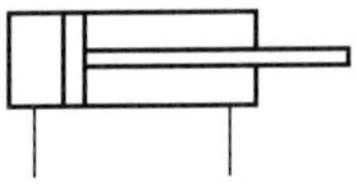</td><td> 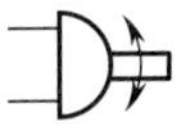</td><td> 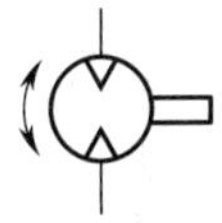</td></tr>
<tr><td>输出往复直线运动</td><td>输出摆动运动</td><td>输出转矩</td></tr>
</table>
三、气动控制元件
作用：控制及调节压缩空气的压力、流量和方向，使气动执行元件获得必要的力、运动速度和运动方向，并按规定的程序工作
<table>
<tr><td>方向控制阀</td><td>压力控制阀</td><td>流量控制阀</td></tr>
<tr><td> </td><td> 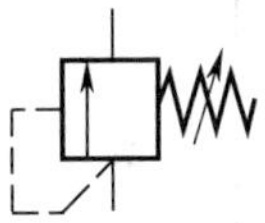</td><td> </td></tr>
<tr><td>控制压缩空气的流动方向和气流的通断，常用的有换向阀和单向阀</td><td>调节和控制压力大小的气动元件，常用的有减压阀和溢流阀</td><td>改变执行机构的运动速度，常用的有排气节流阀和单向节流阀</td></tr>
</table>
</td><td>
讲解：利用视频、PPT和教具等详细讲解气动执行元件的工作原理和图形符号等，如果有条件，建议进行现场教学

讲解：利用视频、PPT和教具等详细讲解气动控制元件的工作原理和图形符号等，如果有条件，建议进行现场教学
</td><td></td></tr>
</table>

续表

<table>
<tr><th colspan="2">教学设计</th><th>教师活动</th><th>学生活动</th></tr>
<tr><td colspan="2">四、气动辅助元件
<table>
<tr><td>油雾器</td><td></td><td>压缩空气将润滑油喷射成雾状并混合于压缩空气中，随着压缩空气进入需要润滑的部位，润滑气动元件</td></tr>
<tr><td>气动三联件</td><td></td><td>气动三联件由过滤器、减压阀和油雾器三部分组成，主要作用是水过滤、调压和油雾润滑</td></tr>
<tr><td>气动二联件</td><td></td><td>与气动三联件类似，气动二联件由过滤器和减压阀两部分组成，主要作用是过滤和调压</td></tr>
<tr><td>消声器</td><td></td><td>消除和减弱压缩空气直接由气缸或换向阀排出的噪声。消声器主要安装在气动装置排气口</td></tr>
<tr><td>接头</td><td></td><td>连接管子</td></tr>
</table></td><td>讲解：利用视频、PPT和教具等详细讲解气动辅助元件的工作原理和图形符号等，如果有条件，建议进行现场教学

讨论：汽车膜片制动室的工作原理是什么</td><td>

讨论并总结</td></tr>
<tr><td>小结</td><td colspan="3">在介绍气压传动元件时有必要向学生介绍气压传动系统是没有回气管路的，使用后的压缩空气直接排向大气，排气过程中因气体急剧膨胀，会引起气体振动，产生强烈噪声。排气速度和排气功率越大，噪声也越高，噪声也是环境污染的一种，同样危害人体健康，因此必须设法消除和减弱</td></tr>
<tr><td>课后作业</td><td colspan="3">习题册</td></tr>
</table>

补充材料

空气压缩机的选用

常用的空气压缩机有活塞式空气压缩机、叶片式空气压缩机和螺杆式空气压缩机。空气压缩机的选用依据是气动系统所需的工作压力和流量。活塞式空气压缩机适用的压力范围大，特别适用于压力较高的中、小流量场合，目前仍是应用最广泛的一种空气压缩机；叶片式空气压缩机适用于低、中压力的中、小流量场合；螺杆式空气压缩机运转平稳，排气均匀，是较新的具有发展前途的空气压缩机，适用于低压力的中、小流量场合。

§6–3　气压传动基本回路

教学要求

了解气压传动基本回路的组成、特点及在汽车上的应用。

教学重点与难点

方向控制回路、压力控制回路和速度控制回路及其回路图。

教学建议

由于本教材是汽车类专业的通用教材，因此教材的难度不大，教材中气压传动基本回路的内容也比较少，建议教学过程中可以根据学生的认知能力和教学需要再补充一些基本回路。

典型教案

教师姓名		授课班级		授课日期	
授课章节	§6–3　气压传动基本回路				
教学内容	掌握方向控制、压力控制和速度控制的基本回路			理论学时	1
				实训学时	0

续表

<table>
<tr><td>课程导入</td><td colspan="2">气压传动基本回路与液压传动基本回路的作用、原理以及回路的分析方法基本一致。教学中，建议采用对比的方法，结合液压传动基本回路的相关内容讲授气压传动基本回路</td></tr>
<tr><th>教学设计</th><th>教师活动</th><th>学生活动</th></tr>
<tr><td>气压传动系统和液压传动系统类似，按照功能和作用不同分为方向控制回路、压力控制回路和速度控制回路
方向控制回路 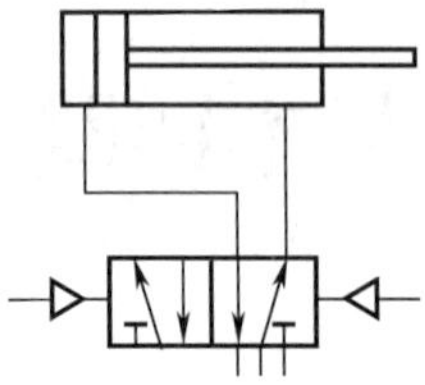
压力控制回路 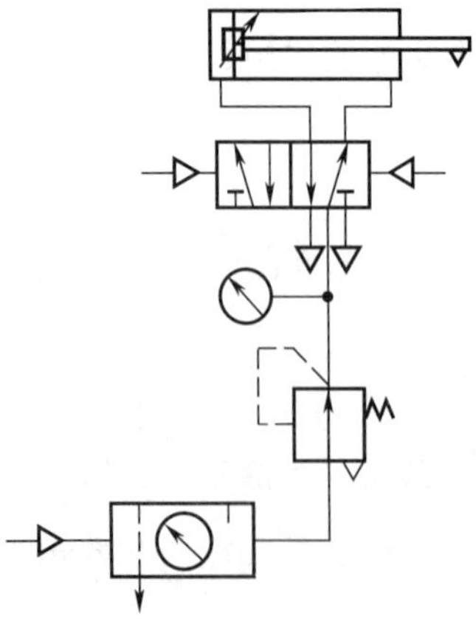</td><td>教师引导学生根据液压回路的运动分析气压传动基本回路，教师进行巡回指导</td><td>分析气压传动基本回路的运动方式</td></tr>
<tr><td>速度控制回路 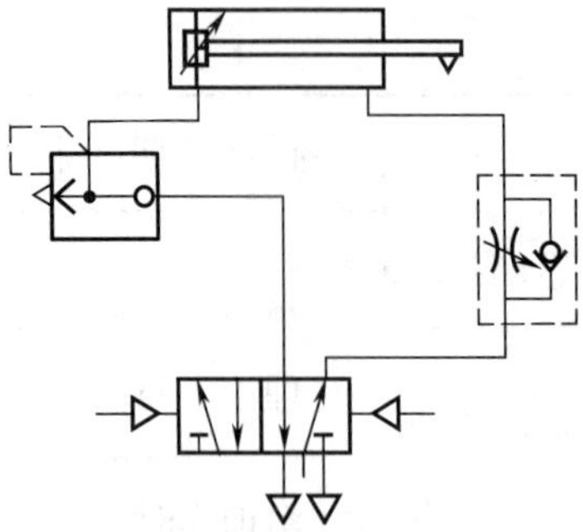</td><td>讨论：查找资料，除以上介绍的气压传动基本回路外，还有哪些典型的气压传动基本回路</td><td>讨论</td></tr>
</table>

续表

教学设计		教师活动	学生活动
解放 CA1092 型汽车的双回路气压控制系统 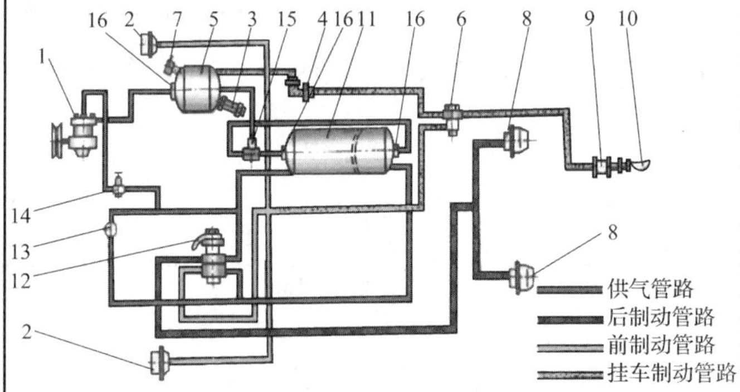 供气管路 后制动管路 前制动管路 挂车制动管路 1—空气压缩机　2—前制动室　3—安全阀　4—接头　5—湿储气筒 6—挂车制动阀　7—放气阀　8—后制动室　9—分离开关 10—连接头　11—储气筒　12—制动阀　13—气压表 14—气压调节阀　15—三通接头　16—单向阀		分析：与学生一起分析解放 CA1092 型汽车的双回路气压控制系统的工作过程	分析
小结	通过学生独立进行气压传动基本回路分析，充分调动学生的主观能动性，教师带领学生一起分析解放 CA1092 型汽车的双回路气压控制系统，使理论和实践紧密结合		
课后作业	习题册		

实 操 训 练

教学要求

1. 掌握气压元件的图形符号。
2. 根据元件图形符号找出相应的元件。
3. 根据控制回路图搭建气压控制回路。

教学重点与难点

1. 教学重点

（1）气压元件的图形符号。

（2）搭建气压控制回路。

2. 教学难点

搭建气压控制回路。

教学建议

本节的实训内容与液压传动实操训练类似，但还需要特别注意的是压缩空气的使用安全。千万不能在确认气源安全前使用气动设备或带气从设备上拆卸气动元件，在气动设备启动前，要确认不会发生活塞杆急速伸出等危险动作，同时，在实训过程中务必强调气管不能对人喷射，以免造成学生受伤。

典型教案

<table>
<tr><td>教师姓名</td><td></td><td>授课班级</td><td></td><td>授课日期</td><td></td></tr>
<tr><td>授课章节</td><td colspan="5">实操训练</td></tr>
<tr><td rowspan="2">教学内容</td><td rowspan="2" colspan="3">根据气压控制回路图搭建气压控制回路</td><td>理论学时</td><td>0</td></tr>
<tr><td>实训学时</td><td>2</td></tr>
<tr><td>课程导入</td><td colspan="5">由常见的气压系统为例展开教学，如给汽车轮胎充气的气泵站，激发学生的学习兴趣</td></tr>
<tr><td colspan="4">教学设计</td><td>教师活动</td><td>学生活动</td></tr>
<tr><td>明确任务</td><td colspan="3">1. 明确学习任务：分析控制回路图，并找出控制回路图中相应的液压元件，搭建控制回路
2. 温习安全教育，学习安全生产要求
3. 温习车间的“6S”管理要求</td><td>下发任务</td><td>明确任务</td></tr>
<tr><td>收集信息</td><td colspan="3">1. 在教师的帮助下了解气压试验台的基本操作
2. 掌握气压试验台的安全操作事项
3. 了解气压传动试验注意事项（可参考本节补充材料）</td><td>组织学生查阅资料</td><td>清点拆装工具和查阅资料</td></tr>
<tr><td>计划决策</td><td colspan="3">1. 对照气压控制回路图分析每个气压元件的名称、作用和特点
2. 教师依据给定的气压控制回路图演示气压控制回路的连接，并检查回路是否符合要求</td><td>1. 讲解并演示
2. 组织学生观看
3. 解答学生疑问</td><td>1. 观看教师演示
2. 复述操作流程</td></tr>
<tr><td>实施计划</td><td colspan="3">1. 在试验台上参照安装液压控制回路的基本方法完成气动控制回路的连接
2. 根据气动控制回路图分析各元件的动作，并检验是否与试验台上的动作一致
3. 分别说出回路中有哪些基本回路</td><td>巡视指导，必要时进行示范讲解</td><td>自主练习，遇到问题组内、组间或向教师寻求帮助</td></tr>
</table>

续表

教学设计		教师活动	学生活动
检查控制	安全防护检查、课堂纪律检查、操作规范检查、任务完成情况检查和课堂时间控制等，并填写相应的检查记录	检查并完成教师检查记录	完成工作任务并完成学生自检、互检检查记录
评价总结	小组总结实训过程、组间评价实训过程和教师评价实训过程，分析和总结实训过程中出现的问题	评价学生实训过程中出现的问题	总结、评价和反思实训过程，完成实训报告
小结	本次课程实训主要是让学生根据给定的气压控制回路图在试验台上找出相应的元件，并搭建控制回路。在现实生产中气压传动系统的清洁、连接较为简单，但如果气压传动系统压力稍高也会存在很多危险，在实训过程中一定要提醒学生注意安全		
课后作业	习题册		

补充材料

液压传动与气压传动的异同

液压传动与气压传动是现代化机电设备中经常采用的传动方式。因为液压传动结构简单、体积小、质量轻、输出力大、易于实现无级调速的特点，被广泛应用于机械制造、汽车工业、航空工业、建筑机械、工程机械等行业；气压传动因其无油、无污染的特点，被广泛用于食品机械、包装机械、电子工业、印染机械等行业。又因两者都易于实现自动控制，现已成为生产过程自动化不可缺少的手段。两者的工作原理和基本回路高度类似，但又有一定差别。

一、液压传动与气压传动的区别

项目	液压传动	气压传动
工作介质	液压油	空气
系统压力	高	低
传动精度	高	低
传动速度	比气压传动低	高
介质体积变化率	低	高

二、液压传动的优缺点

优点	缺点
1. 液压传动采用油管连接，可以方便、灵活地布置传动机构 2. 液压传动装置质量轻，结构紧凑，惯性小 3. 液压传动可以在较大范围内实现无级调速，并可在液压装置运行的过程中进行调速 4. 传递运动平稳，负载变化时速度较稳定 5. 借助于溢流阀，液压装置易于实现过载保护，同时液压元件能自行润滑，使用寿命长 6. 借助于各种控制阀，特别是与电气控制结合使用时，液压传动很容易实现自动化、复杂自动工作循环、遥控等 7. 液压元件已实现标准化、系列化和通用化，便于设计、制造和推广使用	1. 液压系统中漏油等因素影响运动的平稳性和正确性，使得液压传动不能保证严格的传动精度 2. 液压传动对油温的变化敏感，温度变化时液体黏度发生变化，引起运动特性的变化，从而影响工作稳定性，所以不宜在温度变化很大的环境下使用 3. 为了减少泄漏，以及满足某些性能上的要求，液压元件的配合件制造精度要求较高，加工工艺较为复杂 4. 液压传动要求有单独的能源，不如电源使用方便 5. 液压传动系统发生故障时不易检查和排除

三、气压传动的优缺点

优点	缺点
1. 空气无成本，使用后可直接排入大气，对环境无污染，介质不变质，不存在补充更换等问题，不必设置回收管路 2. 与液压传动相比，气压传动反应快，动作迅速，维护简单，管路不易堵塞 3. 气压元件已实现标准化、系列化和通用化，结构简单，容易制造 4. 对工作环境要求低，适用于易燃、易爆、多尘、强磁、辐射、振动等恶劣环境，安全性优于液压传动、电子和电气系统 5. 排气时系统温度自动降低，因而气动设备可以自动降温，长期运行也不易发生过热现象	1. 因空气可压缩性较大，工作过程受负载变化影响大，运动平稳性差 2. 系统工作压力较低，输出力或转矩较小 3. 空气净化处理较复杂，气源中的杂质及水蒸气必须净化处理 4. 因空气黏度低，润滑性差，需设置单独的润滑装置 5. 有较大的排气噪声

气压传动试验注意事项

1. 试验的过程中注意稳拿轻放，防止碰撞。

2. 试验前，必须熟悉元件的工作原理和动作条件，掌握快速组合的方法，禁止强行拆卸，禁止强行旋扭各种元件的手柄，以免造成人为损坏。

3. 试验时不应将压力调得太高（一般压力为 0.3 ~ 0.6 MPa）。

4. 使用试验台之前一定要了解气压传动试验准则，了解本试验系统的操作规程，在试验教师的指导下进行，切勿盲目进行试验。

5. 试验过程中，发现回路中任何一处有问题，应立即关闭泵，只有当回路释压后才能重新进行试验。

6. 试验台的电气控制部分为 PLC 控制，充分理解与掌握电路原理后，才可以对电路进行连接。

7. 试验完毕，要清理好元件，注意元件的保养和试验台的清洁。